中国重要农业文化遗产系列读本

闵庆文　邵建成　◎丛书主编

浙江庆元香菇文化系统

ZHEJIANG QINGYUAN XIANGGU WENHUA XITONG

王　斌　闵庆文　柳林飞　主编

中国农业出版社

农村读物出版社

图书在版编目（CIP）数据

浙江庆元香菇文化系统 / 王斌，闵庆文主编. —北京：中国农业出版社，2017.5

（中国重要农业文化遗产系列读本 / 闵庆文，邵建成主编）

ISBN 978-7-109-22687-6

Ⅰ.①浙…　Ⅱ.①王…②闵…　Ⅲ.①香菇—文化—研究—庆元县　Ⅳ.①S646.1

中国版本图书馆CIP数据核字（2017）第016442号

中国农业出版社出版

（北京市朝阳区麦子店街18号楼）

（邮政编码　100125）

责任编辑　张丽四　吴丽婷

北京中科印刷有限公司印刷　新华书店北京发行所发行

2017年8月第1版　2017年8月北京第1次印刷

开本：710mm×1000mm　1/16　印张：11

字数：230千字

定价：49.00元

（凡本版图书出现印刷、装订错误，请向出版社发行部调换）

序言一

我国是历史悠久的文明古国，也是幅员辽阔的农业大国。长期以来，我国劳动人民在农业实践中积累了认识自然、改造自然的丰富经验，并形成了自己的农业文化。农业文化是中华五千年文明发展的物质基础和文化基础，是中华优秀传统文化的重要组成部分，是构建中华民族精神家园、凝聚炎黄子孙团结奋进的重要文化源泉。

党的十八大提出，要"建设优秀传统文化传承体系，弘扬中华优秀传统文化"。习近平总书记强调指出，"中华优秀传统文化已经成为中华民族的基因，植根在中国人内心，潜移默化影响着中国人的思想方式和行为方式。今天，我们提倡和弘扬社会主义核心价值观，必须从中汲取丰富营养，否则就不会有生命力和影响力。"云南哈尼族稻作梯田、江苏兴化垛田、浙江青田稻鱼共生系统，无不折射出古代劳动人民吃苦耐劳的精神，这是中华民族的智慧结晶，是我们应当珍视和发扬光大的文化瑰宝。现在，我们提倡生态农业、低碳农业、循环农业，都可以从农业文化遗产中吸收营养，也需要从经历了几千年自然与社会考验的传统农业中汲取经验。实践证明，做好重要农业文化遗产的发掘保护和传承利用，对于促进农业可持续发展、带动遗产地农民就业增收、传承农耕文明，都具有十分重要的作用。

中国政府高度重视重要农业文化遗产保护，是最早响应并积极支持联合国粮农组织全球重要农业文化遗产保护的国家之一。经过十几年工作实践，我国已经初步形成"政府主导、多方参与、分级管理、利益共享"的农业文化遗产保护管理机制，有力地促进了农业文化遗产的挖掘和保护。2005年以来，已有11个遗产地列入"全球重要农业文化遗产名录"，数量名列世界各国之首。中国是第一个开展国家级农业文化遗产认定的国家，是第一个制定农业文化遗产保护管理办法的国家，也是第一个开展全国性农业文化遗产普查的国家。2012年以来，农业部分三批发布了62项"中国重要农业文化遗产"，2016年发布了28项全球重要农业文化遗产预备名单。2015年颁布了《重要农业文化遗产管理办法》，2016年初步普查确定了具有潜在保护价值的传统农业生产系统408项。同时，中国对联合国粮农组织全球重要农业文化遗产保护项目给予积极支持，利用南南合作信托基金连续举办国际培训班，通过APEC、G20等平台及其他双边和多边国际合作，积极推动国际农业文化遗产保护，对世界农业文化遗产保护做出了重要贡献。

当前，我国正处在全面建成小康社会的决定性阶段，正在为实现中华民族伟大复兴的中国梦而努力奋斗。推进农业供给侧结构性改革，加快农业现代化建设，实现农村全面小康，既要借鉴世界先进生产技术和经验，更要继承我国璀璨的农耕文明，弘扬优秀农业文化，学习前人智慧，汲取历史营养，坚持走中国特色农业现代化道路。《中国重要农业文化遗产系列读本》从历史、科学和现实三个维度，对中国农业文化遗产的产生、发展、演变以及农业文化遗产保护的成功经验和做法进行了系统梳理和总结，是对农业文化遗产保护宣传推介的有益尝试，也是我国农业文化遗产保护工作的重要成果。

我相信，这套丛书的出版一定会对今天的农业实践提供指导和借鉴，必将进一步提高全社会保护农业文化遗产的意识，对传承好弘扬好中华优秀文化发挥重要作用！

农业部部长
2017年6月

自有人类历史文明以来，勤劳的中国人民运用自己的聪明智慧，与自然共融共存，依山而住、傍水而居，经过一代代努力和积累，创造出了悠久而灿烂的中华农耕文明，成为中华传统文化的重要基础和组成部分，并曾引领世界农业文明数千年，其中所蕴含的丰富的生态哲学思想和生态农业理念，至今对于国际可持续农业的发展依然具有重要的指导意义和参考价值。

针对工业化农业所造成的农业生物多样性丧失、农业生态系统功能退化、农业生态环境质量下降、农业可持续发展能力减弱、农业文化传承受阻等问题，联合国粮农组织（FAO）于2002年在全球环境基金（GEF）等国际组织和有关国家政府的支持下，发起了"全球重要农业文化遗产（GIAHS）"项目，以发掘、保护、利用、传承世界范围内具有重要意义的，包括农业物种资源与生物多样性、传统知识和技术、农业生态与文化景观、农业可持续发展模式等在内的传统农业系统。

全球重要农业文化遗产的概念和理念甫一提出，就得到了国际社会的广泛响应和支持。截至2014年年底，已有13个国家的31项传统农业系统被列入GIAHS保护名录。经过努力，在2015年6月结束的联合国粮农组织大会上，已明确将GIAHS工作作为一项重要工作，纳入常规预算支持。

中国是最早响应并积极支持该项工作的国家之一，并在全球重要农业文化遗产申报与保护、中国重要农业文化遗产发掘与保护、推进重要农业文化遗产领域的国际合作、促进遗产地居民和全社会农业文化遗产保护意识的提高、促进遗产地经济社会可持续发展和传统文化传承、人才培养与能力建设、农业文化遗产价值评估和动态保护机制与途径探索等方面取得了令世人瞩目的成绩，成为全球农业文化遗产保护的榜样，成为理论和实践高度融合的新的学科生长点、农业国际合作的特色工作、美丽乡村建设和农村生态文明建设的重要抓手。自2005年"浙江青田稻鱼共生系统"被列为首批"全球重要农业文化遗产系统"以来的10年间，我国已拥有11个全球重要农业文化遗产，居于世界各国之首；2012年开展中国重要农业文化遗产发掘与保护，2013年和2014年共有39个项目得到认定，成为最早开展国家级农业文化遗产发掘与保护的国家；重要农业文化遗产管理的体制与机制趋于完善，并初步建立了"保护优先、合理利用，整体保护、协调发展，动态保护、功能拓展，多方参与、惠益共享"的保护方针和"政府主导、分级管理、多方参与"的管理机制；从历史文化、系统功能、动态保护、发展战略等方面开展了多学科综合研究，初步形成了一支包括农业历史、农业生态、农业经济、农业政策、农业旅游、乡村发展、农业民俗以及民族学与人类学等领域专家在内的研究队伍；通过技术指导、示范带动等多种途径，有效保护了遗产地农业生物多样性与传统文化，促进了农业与农村的可持续发展，提高了农户的文化自觉性和自豪感，改善了农村生态环境，带动了休闲农业与乡村旅游的发展，提高了农民收入与农村经济发展水平，产生了良好的生态效益、社会效益和经济效益。

习近平总书记指出，农耕文化是我国农业的宝贵财富，是中华文化的重要组成部分，不仅不能丢，而且要不断发扬光大。农村是我国传统文明的发源地，乡土文化的根不能断，农村不能成为荒芜的农村、留守的农村、记忆中的故园。这是对我国农业文化遗产重要性的高度概括，也为我国农业文化遗产的保护与发展指明了方向。

尽管中国在农业文化遗产保护与发展上已处于世界领先地位，但比较而言仍然属于"新生事物"，仍有很多人对农业文化遗产的价值和保护重要性缺乏认识，加强科普宣传仍然有很长的路要走。在农业部农产品加工局（乡镇企业局）的支持下，中国农业出版社组织、闵庆文研究员担任丛书主编的这套"中国重要农业文化遗产系列读本"，无疑是农业文化遗产保护宣传方面的一个有益尝试。每本书均由参与遗产申报的科研人员和地方管理人员共同完成，力图以朴实的语言、图文并茂的形式，全面介绍各农业文化遗产的系统特征与价值、传统知识与技术、生态文化与景观以及保护与发展等内容，并附以地方旅游景点、特色饮食、天气条件。可以说，这套书既是读者了解我国农业文化遗产宝贵财富的参考书，同时又是一套农业文化遗产地旅游的导游书。

我十分乐意向大家推荐这套丛书，也期望通过这套书的出版发行，使更多的人关注和参与到农业文化遗产的保护工作中来，为我国农业文化的传承与弘扬、农业的可持续发展、美丽乡村的建设作出贡献。

是为序。

中国工程院院士

联合国粮农组织全球重要农业文化遗产指导委员会主席

农业部全球/中国重要农业文化遗产专家委员会主任委员

中国农学会农业文化遗产分会主任委员

中国科学院地理科学与资源研究所自然与文化遗产研究中心主任

2015年6月30日

　　庆元县始置于南宋宁宗庆元三年（1197年），至今历800余年。庆元县是世界人工栽培香菇的发祥地，拥有"世界香菇之源""中国香菇城"等美誉。庆元香菇种植始于800多年前，据传由香菇始祖吴三公（1130—1208）在庆元龙岩村发明剁花法生产香菇而成。自此，庆元菇民依托良好的生态环境和丰富的森林资源，从事香菇生产延续至今，形成了包括森林可持续经营、林下产业发展、香菇栽培和加工利用技术、香菇文化和地方民俗在内的农业文化遗产系统。

　　浙江庆元香菇文化系统经历了三个发展阶段，代表了香菇生产技术的不断革新：800多年前吴三公发明剁花法，1967年庆元菇民利用香菇菌种段木栽培香菇成功，1979年庆元县食用菌科研中心成立，并开展代料香菇栽培技术的研究和推广。吴三公发明剁花法的伟大成就，在于它使深山老林中的"朽木"得到充分合理的利用，开创了森林菌类产品利用之先河。此法在利用森林的同时，又可保持森林生态的良性循环，是森林可持续利用的典范。同时，庆元县菇民在数百年的生产实践中，形成了从选场、栽培、采摘到加工的一整套完整的生产经营知识体系与适应性技术；孕育并造就了包括菇山语言"山寮白"、地方剧"二都戏"、香菇功夫等在内的绚丽多姿的香菇文化。这些传统知识与文化，是一代又一代菇乡百姓流传至今的宝贵精神财富，也是中华民族优秀传统文化中的瑰宝。2014年6月12日，农业部公布第二批中国重要农业文化遗产名单，庆元香菇文化系统榜上有名，成为第一个入选中国重要文化遗产的食用菌行业文化遗产。

本书是中国农业出版社生活文教分社策划出版的"中国重要农业文化遗产系列读本"之一，旨在为广大读者打开一扇了解浙江庆元香菇文化系统这一重要农业文化遗产的窗口，提高全社会对农业文化遗产及其价值的认识和保护意识。全书包括八个部分："引言"介绍了庆元香菇文化系统的概况；"食用菌、香菇与庆元香菇文化系统"介绍了食用菌的历史和分类、我国香菇产业发展现状及庆元香菇文化系统的起源与演变；"香菇之源——庆元香菇文化系统"介绍了香菇的营养、药用价值以及在促进地方经济发展方面的重要作用；"菇林共育——生态和谐的典范"介绍了庆元香菇的生长环境、丰富的生物多样性及重要的生态服务功能；"中国香菇城——源远流长的香菇文化"介绍了香菇栽培传统知识与技术、形式多样的香菇文化、香菇相关诗词歌赋及行会组织等；"剁花法——最古老的香菇栽培技术"介绍了香菇剁花法栽培的关键技术要点；"遗产保护——庆元香菇未来发展之路"介绍了保护与发展中面临的问题、机遇与对策等；"附录"简要介绍了遗产地旅游资讯、遗产保护大事记以及全球/中国重要农业文化遗产名录。

本书是在浙江庆元香菇文化系统中国重要农业文化遗产申报文本、保护与发展规划的基础上，通过进一步调研编写完成的，是集体智慧的结晶。全书由闵庆文、王斌、柳林飞设计框架，闵庆文、王斌、安岩、叶晓星、张龙统稿。书中照片除标明拍摄者外，均由庆元香菇管理局提供。本书编写过程中，得到了李文华院士的具体指导及庆元县有关部门和领导的大力支持，在此一并表示感谢！

由于水平有限，难免存在不当甚至谬误之处，敬请读者批评指正。

编者

2016年11月29日

庆元历史悠久，从出土的石锛、石镯来看，早在5 000多年前就有人类在这里繁衍生息，南宋宁宗庆元三年（1197年），以宁宗年号"庆元"名称置县，此为庆元县建制之始。庆元古称松源，又称濛洲，其林壑幽美，山泉清冽，素以水秀山明而著称。百山祖国家级自然保护区、庆元国家森林公园久负盛名。

庆元县城（郑承春/摄）

庆元的特点可以用"一县、一城、一区、一乡"来概括，即"中国生态环境第一县""中国香菇城""历史文化保护区"和"中国廊桥之乡"。在庆元你会看到浓重文化色彩的民间文艺、诗书词赋、唱词戏曲，遍地的古桥、古村、古建筑、古窑址、古地道，三朝文化、千年廊桥、百年进士村……这些从古至今的人文情趣与民间胜境使得如今的庆元令人沉醉，不忍离去。

800多年前，龙岩村农民吴三公发明"剁花法*""惊蕈术"和"烘焙术"等一系列制菇及加工技术，被当地菇民（种菇的农民）膜拜为"菇神"，从此，香菇开始了造福人类的历史。剁花法使深山老林中的"朽木"得到充分合理的利用，开创了森林菌类产品利用之先河。1989年经国际热带菌类学会主席张树庭教授考察研究，确认庆元是世界人工栽培香菇技术的发祥地，并亲笔题写了"香菇之源"的匾额。1992年7月台湾大学植物系教授李瑞青先生一行来庆元考察后，亦认定香菇栽培技术的发祥地是在中国而不是日本。作为一项栽培技术，剁花法延续时间之长，覆盖面之广，史料之丰富，在世界农业科学史上也是罕见的。吴三公的发明，也使庆元成为世界香菇之源，为中国摘取了一项世界农业的桂冠。

浙江庆元香菇入选"中华之最"

---

* 香菇"剁花法"也称"砍花法"，文本选用"剁花法"有两个原因，一是庆元县菇民方言一直讲的是剁花，而不是砍花；二是从字义理解，砍的动作大，如把树木砍倒，而剁的动作小，如在被砍倒的树木上剁砍。因此为了更确切地表述，文本将香菇"砍花法"栽培改为"剁花法"栽培。

800多年来香菇产业一直是庆元人民赖以生存的传统产业，菇民足迹遍布全国11个省200多个市、县，庆元香菇以"历史最早、产量最高、市场最大、质量最好"闻名于世。庆元与食用菌相关各产业产值近20亿元，超过全县生产总值的一半以上。庆元香菇不仅销往全国20多个大中城市、200多个县，而且出口海外，市场中40%的香菇直接或间接出口法、日、德以及东南亚等60多个国家和地区，占交易额的60%。如今庆元已成为饮誉全球的"中国香菇城"，香菇产业成了庆元人民脱贫致富奔小康的支柱产业。同时，庆元菇民在种菇、售菇中衍生了独具地方特色的香菇文化，形成了以菇业为中心的生活习俗、生产习俗、文化观念、共同语言（菇山话）、共同行为规范和管理机构；以崇拜吴三公为主的共同的民间信仰，以祭神谢恩、演戏练功、体育竞赛表演、种菇技术和商品交流等为主要内容的菇民集中的文化、体育、政治、经济活动的表现形式——菇神庙会，以及大大小小的行会组织形式——菇业公会、菇邦、同乡会等，具有极高的历史与文化价值。

1993年《人民日报》关于庆元香菇的介绍

　　随着生态文明建设的不断推进，山区农民靠山吃山的无奈选择与生态保护之间的矛盾越来越突出，怎样在有限的土地上实现人与自然的和谐发展成为一个难题。庆元县一直注重促进香菇与森林的和谐发展，坚持不因香菇消耗林木资源而遏制其发展，也不会因其发展而放宽森林管理。在香菇产业迅速发展的同时，庆元县的生态环境得到了有效保护与发展，森林覆盖率高达86%。2004年，国家环境监测总站的《生态环境质量研究报告》中，庆元生态环境质量居全国2 348个县（市）榜首，成为名副其实的"中国生态环境第一县"。在森林资源过度利用、生态环境日趋恶化的今天，这一传统农业生产方式显示出了重要的借鉴意义。

香菇作为庆元县最具发展潜力的品种，对拓展山区经济发展空间，培育"优质、高效、生态、安全"的兴林富民新产业具有重要意义，而以香菇为依托的加工业及休闲农业将成为生态文明建设的一个亮点。全力发展香菇及其附带产业是山区百姓增收致富的重要手段，更是实现山区生态、环保和经济社会又好又快发展的理想途径。以香菇、灰树花等特色产品栽培及加工为主导产业，加强生态环境保护与基地建设，可实现庆元香菇产业的全面可持续发展；同时，系统开展庆元香菇文化系统农业文化遗产保护，不仅可以更好地保护剁花法等香菇传统栽培技艺，保护好香菇的优良种质资源，还可以提高庆元香菇的知名度，促进庆元休闲农业的发展，进而带动社会经济全面发展，实现人与自然和谐共存。

一

食用菌、香菇
与庆元香菇

浙江庆元香菇文化系统

食用菌是指子实体硕大、可供食用的蕈菌（大型真菌），通称为蘑菇。中国的食用菌资源丰富，也是最早栽培、利用食用菌的国家之一，1 100多年前已有人工栽培木耳的记载，至少在800多年前香菇的栽培就在浙江西南部开始，草菇则是200多年前首先在闽粤一带开始栽培的。这些技术一直流传至今。

（一）
食用菌

1. 食用菌的历史和分类

食用菌是可供食用的蕈菌；蕈菌，是指能形成大型肉质（或胶质）子实体或菌核类组织并能供人们食用或药用的一类大型真菌。世界上已被描述的真菌达12万余种，能形成大型子实体或菌核组织的达6 000余种，可供食用的有2 000余种，但能大面积人工栽培的只有40～50种。2000年统计中国的食用菌达938种，人工栽培的50余种。食用菌在分类上属于菌物界真菌门，绝大多数属于担子菌亚门，如香菇、平菇、草菇、木耳、银耳、猴头、竹荪、松口蘑（松茸）、口蘑、红菇、灵芝、虫草、松露、百灵和牛肝菌等；少数属于子囊菌亚门，如羊肚菌、马鞍菌、块菌等。上述真菌分别生长在不同的地区、不同的生态环境中。

2. 古代中国对食用菌的认识

1977年在浙江余姚河姆渡新石器时代遗址出土的稻谷、菌类和酸枣的化石，为我们的祖先曾以菌类为食粮提供了最早的物证。同时也表明，即使在农业文明的早期，我们的祖先仍然要采集野生菌类，以补充粮食之不足。由此可见，我国对菌类的利用，至少有7 000多年的历史。

中国菇业的童年是伟大中华文明孕育的一朵奇葩。我国古代学者早已认识到菌类不同于一般植物，而是一个独立的生物类群。《礼记·内则》庚蔚注云："无华而生者曰芝栭"；宋苏颂《图经本草》中说："（茯苓）附根而生，无苗叶花实"；宋罗愿《尔雅翼》也说："芝，瑞草，一岁三华，无根而生"。都说明菌类没有根、茎、叶之分，一年可以多次形成子实体。对于菌类生长的原因，最初还不甚明了。故《庄子》说："乐出虚，蒸成菌，日夜相代呼前，而不知其所萌。"以后人们逐渐意识到"孢子"的存在，称之为"气"。宋代陈仁玉《菌谱》说："芝菌皆气苕也。"元代官修《农桑辑要》中也有"菌皆朽株湿气蒸而生"的论述。汉代刘向《淮南子》中有"千年之松，下有茯苓，上有菟丝"的记述。旧说"菟丝"即"女萝"（菟丝子），明代李时珍通过实地考察，发现"下有茯苓，则生有灵气如丝之形"，并指出"非菟丝子菟丝"，他还引证宋代王微的《茯苓赞》："皓苓下居，彤丝上荟"，已认识到菌类营养体——菌丝的存在。

早在2 000多年前，菌类即已成为珍贵的食品，《礼记·内则》说："食所加庶，羞有芝栭"；《吕氏春秋》也说："味之美者，骆越之菌。"后魏贾思勰的《齐民要术》内还有"焦菌法""木耳菹"等食菌加工方法，也反映出人们对菌类的爱好促进了加工技术的发展。《神农本草经》内还多次谈到，经常食用某些菇类，可使人"轻身不老延年"。宋代以来，茯苓还作为一种土特产远销海外。

我国食用菌栽培业就是在人们对菌类生物学特性有了充分认识，以及在日益增长的社会需要的背景下开始出现的。当前世界上广泛栽培的10种食用菌，绝大部分起源于我国。我国古代劳动人民所创建的食用菌栽培工艺，对我国、尤其是日本食用菌栽培业的发展，曾起到重要的推动作用。

(二)
香菇

1. 世界第二大食用菌

香菇又名花菇、香蕈、香信、香菌、冬菇、香菰，为侧耳科植物香蕈的子实体。香菇子实体单生、丛生或群生，子实体中等大至稍大。菌盖直径5～12厘米，有时可达20厘米，幼时半球形，后呈扁平至稍扁平，表面浅褐色、深褐色至深肉桂色，中部往往有深色鳞片，而边缘常有污白色毛状或絮状鳞片。菌肉白色，稍厚或厚，细密，具香味。

幼时边缘内卷，有白色或黄白色的绒毛，随着生长而消失。菌盖下面有菌幕，后破裂，形成不完整的菌环。老熟后盖缘反卷，开裂。菌褶白色，密，弯生，不等长。菌柄常偏生，白色，弯曲，长3～8厘米，粗0.5～1.5厘米，菌环以下有纤毛状鳞片，纤维质，内部实心。菌环易消失，白色。孢子印白色。孢子光滑，无色，椭圆形至卵圆形，4.5～7微米×3～4微米，孢子生殖。双核菌丝有锁状联合。

香菇是世界第二大食用菌，也是我国特产之一，主要产地在浙江、河南、湖北、河北、福建等省，在民间素有"山珍"之称，味道鲜美，香气沁人，营养丰富，素有"菇中之王""蘑菇皇后""蔬菜之冠"的美

香菇

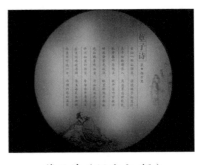

蕈子诗（闵庆文/摄）

称，位列草菇、平菇之上。香菇含有一种特有的香味物质——香菇精，能形成独特的菇香，所以称为"香菇"。《吕氏春秋·本味》有"味之美者，越骆之菌"的记载。

2. 香菇产业发展现状

自改革开放以来，香菇产业作为新兴产业在我国农业和农村经济发展中的地位日趋重要，已成为我国广大农村和农民最主要的经济来源之一，在我国农业发展中也具有独特的优势和地位，是种植业中最具活力的经济作物之一。2000年以来的10多年间，中国香菇产业蓬勃发展，我国每年出口香菇4万~5万吨，占世界贸易量的95%以上。近些年，特别是新鲜香菇的出口一直拉动着香菇的价格。中国作为世界第一香菇生产大国的地位目前很难被撼动。

我国自20世纪80年代以来，实施"代料香菇栽培"星火计划，福建、浙江、江西、安徽等南方各省，大力推广木屑袋栽香菇新技术、新工艺（脱袋斜置栽培、不脱袋层架栽培、高海拔地区反季节栽培、低海拔覆土地栽、小棚大袋层架式栽培、半生料野外地栽等），并采用各种热风干燥机，使我国香菇生产上规模、产品上档次、出口量直线上升。目前全国已有"庆元香菇""随州香菇""西峡香菇""平泉香菇"4个地理标志产品，是农产品地理标志产品密集度最高的产业。以这4个地理标志产品为主基本形成了以"庆元香菇"为核心区域的浙江、以"随州香菇"为核心区域的湖北、以"西峡香菇"为核心区域的河南和以"平泉香菇"为核心区域的河北四大产区。这四大产区同时也是四大香菇集散地，占全国总产量和总交易量的80%。这四个地理标志产品代表了我国香菇产业的最新发展水平，具有高达百亿的品牌价值。"庆元香菇"被誉为"中国食用菌第一品牌"，以其悠久的制菇历史、深厚的香菇文化、独具的魅力特色及较强的品牌竞争力，成为中华民族五千年历史文化中一朵名副其实的美丽奇葩。

3. 香菇的分类

香菇生产因季节不同，其产品有秋菇、冬菇和春菇之分，其中以冬菇品质最优。但在香菇的流通环节中，一般不以此来判定商品等级。香菇的商品等级一般根据菌盖的花纹、形态、菌肉、色泽、香味和菇粒大小来划分。

花菇

厚菇

薄菇

我国出口企业根据消费传统和国外市场要求，一般将干香菇分为三类十等，即花菇、厚菇（冬菇）、薄菇（香信），再按菇粒大小每类分为三等，菇粒较小的厚菇和薄菇，则统称为菇丁。具体划分标准如下。

花菇：菌盖有白色裂纹，呈半球形，卷边，肉肥厚，菌盖褐色，菌褶浅黄色，柄短，足干，香味浓，无霉变，无虫蛀，无焦黑。其中1级品菌盖直径在6厘米以上，2级品菌盖直径为4～6厘米，3级品菌盖直径为2.5～4厘米，破碎不超过10%。

厚菇：菌盖呈半球形，卷边，肉肥厚，菌盖褐色，菌褶浅黄色，柄短，足干，香味浓，无霉变，无虫蛀，无焦黑。其中1级品菌盖直径在6厘米以上，2级品菌盖直径为4～6厘米，3级品菌盖直径为2.5～4厘米，破碎不超过10%。

薄菇：菌盖平展，肉稍薄，盖棕褐色，菌褶淡黄色，柄稍长，足干，无霉变，无虫蛀，无焦黑。其中1级品菌盖直径在6厘米以上，2级品菌盖直径为4～6厘米，3级品菌盖直径为2.5～4厘米，破碎不超过10%。

我国对鲜香菇的分级没有干香菇严格，一般分为特级、一级和二级，具体要求参见农业部2006年7月1日颁布的《香菇等级规格（NY/T 1061—2006）》。

（三）
庆元香菇

1. 营养价值

香菇含有相当高的蛋白质和各种对人体健康有益的糖类、矿物质元素、维生素等物质。每百克鲜香菇中含蛋白质12～14克，碳水化合物59.3克，钙124毫克，磷415毫克，铁25.3毫克，还含有多糖类、维生素B_1、维生素B_2、维生素C等。香菇香味成分主要是香菇酸分解生成的香菇精，所以香菇是人们重要的食用、药用菌和调味品。香菇的鲜味成分是一类水溶性物质，其主要成分是5′-鸟苷酸、5′-AMP、5′-UMP等核酸构成成分，含量均在0.1%左右。

庆元香菇以鲜嫩可口、香郁袭人的独特风味成为宴席上的珍贵佳肴，明朝年间朱元璋时期便是"皇上圣品"。庆元的自然环境特别适宜香菇生长，北方生产的香菇和庆元生产的不一样，其中一个重要原因是因为北方天气寒冷，香菇的生长周期会延长，菌盖会长得特别结实，嚼起来有点费劲，口感没有庆元的好。

庆元香菇

我国古人常以笋和菇作为调鲜之物，有"无笋难配料，无菇不成席"之习俗。如今，各种味素愈来愈"精"，但真要尝尝菜之本味，菌菇当属首选。清代的"满汉全席"就有"炒冬菇"和"香蕈鸭"。现代许多烹饪大师，都十分讲究利用香菇制作佳肴，如色调清雅淡泊的"烧香菇托"和"香菇肉饼"，是中外人士公认的两大中国名菜；"香菇鸡球""香菇色拉"更具有西餐特色，胜过牛排、鸡块及其他色拉类西菜。就是只用香菇加少量精盐、猪油和葱花烧成的"原汁菇汤"其味也鲜美无比。故清代著名学者李渔在《闲情偶寄》一书中说："此物素食固佳，伴以少许荤食尤佳，盖蕈之香有限，而汁之鲜味无穷。"

香菇的营养成分含量（每100克）

成分	含量	成分	含量
热量（大卡*）	19	磷（毫克）	53
蛋白质（克）	2.2	钾（毫克）	20
脂肪（克）	0.3	钠（毫克）	1.4
碳水化合物（克）	61.7	镁（毫克）	11
膳食纤维（克）	3.3	铁（毫克）	0.3
嘌呤（毫克）	0	锌（毫克）	0.66
维生素B$_2$（毫克）	0.08	硒（微克）	2.58
烟酸（毫克）	2	铜（毫克）	0.12
维生素C（毫克）	1	锰（毫克）	0.25
钙（毫克）	2		

2. 药用价值

香菇也是一种传统的中药。据明代著名医药家李时珍著的《本草纲目》中所载：香菇乃食物中佳品，味甘性平，能益味助食及理小便不禁，并具有'大益胃气''托痘疹外出'之功，故在我国民间，常用香菇来辅助治疗小儿天花、麻疹等方面疾病，并有清热解毒、降低血压等功效。

现代医学研究表明，香菇含有一种相对分子质量为100万u的抗肿瘤成分——香菇多糖，含有降低血脂的成分——香菇太生（香菇腺嘌呤和腺嘌呤的衍生物），还含有抗病毒的成分——干扰素的诱发剂，为双链核糖核酸，是不可多得的保健食品之一。香菇中不饱和脂肪酸含量甚

---

* 大卡为非法定计量单位。1大卡=1千卡=4.186千焦。——编者注

高，还含有大量的可转变为维生素D的麦角甾醇和菌甾醇，对于增强抗疾病和预防感冒有良好效果。香菇灰分中含有大量钾盐及其他矿物质元素，被视为防止酸性食物中毒的理想食品。

香菇多糖产品

香菇多糖可提高小鼠腹腔巨噬细胞的吞噬功能，还可促进T淋巴细胞的产生，并提高T淋巴细胞的杀伤活性，从而提高机体免疫功能。香菇的水提取物对过氧化氢有清除作用，对体内的过氧化氢有一定的消除作用，能起到延缓衰老的作用。香菇中含有的另外一种化合物——香菇嘌呤，可以降低胆固醇的水平。香菇含有的抗氧化剂含量是麦芽的12倍，是鸡肝的4倍，与松茸蘑菇和灰树花相比，它的降低血压和抵御癌症的功效更强。香菇中含有嘌呤、胆碱、酪氨酸、氧化酶以及某些核酸物质，能起到降血压、降胆固醇、降血脂的作用，又可预防动脉硬化、肝硬化等疾病。香菇还对糖尿病、肺结核、传染性肝炎、神经炎等起治疗作用，又可用于消化不良、便秘等。中国不少古籍中记载香菇"益气不饥，治风破血和益胃助食"，民间用它来助痘疮、麻疹的诱发，治头痛、头晕。香菇能抗感冒病毒，因香菇中含有一种干扰素的诱导剂，能诱导体内干扰素的产生，干扰病毒蛋白质的合成，使其不能繁殖，从而使人体产生免疫作用。

香菇中含有丰富的食物纤维，经常食用能降低血液中的胆固醇，防止动脉粥样硬化，对防治脑溢血、心脏病、肥胖症和糖尿病都有效。

香菇中含有30多种酶和18种氨基酸，人体所必需的8种氨基酸中，香菇就含有7种，因此香菇又成为纠正人体酶缺乏症和补充氨基酸的首选食物。经常食用香菇，对预防人体、特别是婴儿因缺乏维生素D而引起的血磷、血钙代谢障碍导致的佝偻病有益，可预防人体各种黏膜及皮肤炎病。

大量实践证明，香菇防治癌症的范围广泛，已用于临床治疗。近年来，美国科学家发现香菇中含有一种"β-葡萄糖苷酶"，试验证明，这种物质有明显提高机体抗癌的能力，因此，人们把香菇称为"抗癌新兵"。

香菇的选购、存储与食用

香菇的选购：要选择菇香浓、菇肉厚实、菇面平滑、大小均匀、色泽黄褐或黑褐、菇面稍带白霜、菌褶紧实细白、菇柄短而粗壮、干燥、不霉、不碎的香菇，此为品质优良产品；有些菇面呈裂开状，购买时应认清其裂痕是否为天然生成，若是人为切割则为膺品。

香菇的存储：新鲜香菇可用透气膜包装后，置于冰箱冷藏，可保鲜一星期左右；也可以直接冷冻保存。干香菇则应放在密封罐中保存，最好每个月取出，放置在阳光下暴晒一次，可保存半年以上；亦可直接冷藏、冷冻保存，以避免腐败或生虫。

香菇的食用方法：①发好的香菇要放在冰箱里冷藏才不会损失营养。②应先用冷水将香菇表面冲洗干净。带柄的香菇可将根部除去，然后"菌褶"朝下放置于温水盆中浸泡，待香菇变软、"菌褶"张开后，再用手朝一个方向轻轻旋搅让泥沙徐徐沉入盆底，或用筷子轻轻敲打，泥沙就会掉入水中。③泡发香菇的水不要丢弃，很多营养物质都溶在水中；只要把干香菇在浸泡前清洗干净，浸泡的水完全可以再利用。④如果香菇比较干净，则只要用清水冲净即可，这样可以保存香菇的鲜味。⑤尽量避免为了让香菇尽快泡发，选择用很热的水浸泡或是加糖，这样会使其中的水溶性成分，如珍贵的多糖、优良的氨基酸等大量溶解于水中，破坏香菇的营养。

庆元香菇产品

3. 产业价值

（1）地方支柱产业

浙江省是全国老牌食用菌大省，21世纪以前全省食用菌产量、产值仅次于福建省位居全国第二，其中全省干香菇和鲜香菇的出口量位居全国第一，2011年全省食用菌种植产值59.68亿元，出口17 707.4吨，出口货值11 396.7万美元，出口额居全国前列。浙江西南和浙中10个食用菌主产县（市、区）食用菌产值均在亿元以上，食用菌产业已成为这些县经济发展和农民增收的支柱产业。

庆元县是浙江省10个食用菌主产县（市、区）之一，香菇栽培历史悠久，素有"中国香菇城""中国香菇之乡"等美誉。目前全县从事食用菌产业生产的达7万多人，占全县农业人口54%，食用菌常年栽培量1.5亿袋，年产量9万多吨，2015年产值5.2亿元，占农业产值的45%。全县食用菌企业将近300家，其中加工型企业近80家，省农业龙头企业7家，基本形成了由低至高多层级产品结构的产业链，并逐步由香菇加工向休闲、保健、药用等高附加值产品方向发展。2015年，庆元县食用菌全产业链入选浙江省示范性农业全产业链。

庆元县历届政府都着力培养扶持这一传统产业，使香菇生产跃上一个又一个新台阶，"一业兴百业旺"，香菇生产的发展带动了原辅材料、食用菌机械、塑料加工业、餐饮服务业、交通运输业的发展，这朵小小的菌伞，撑起庆元农业发展的一片天，不仅造福万民，还创造出庆元经济的奇迹。

中国香菇城题字与香菇丰收场景

以"历史最早、产量最高、市场最大、质量最好"闻名于世的"庆元香菇"于2002年荣获国家原产地域保护产品，是我国最早获得国家原产地域保护的食用菌地域品牌。2004年"庆元香菇"证明商标获准注册，"庆元香菇"先后获得浙江省十大名菇、省著名商标、省名牌农产品等称号，2015年庆元香菇品牌价值达48.63亿元，名列全国食用菌类品牌首位，是名副其实的浙江省农产品第一品牌，中国食用菌第一品牌。由于香菇标准化生产的推行，2005年，庆元县被中国食用菌协会评为标准化生产示范基地县；2010年，全国首个命名的"中国食用菌产业基地（浙江庆元）"正式落户庆元，这是继庆元香菇获得"国家原产地域保护产品""全国食用菌行业特别贡献奖""全国小蘑菇新农村行动十强县"之后，庆元县所获得的又一食用菌产业"国字号"招牌。

庆元香菇商标及品牌价值

2014年，"庆元香菇"被认定为中国驰名商标，成为全国首个获得此称号的香菇公共品牌。目前庆元县共有32家企业500个系列产品获得了"庆元香菇"证明商标的使用权，有80亿枚证明商标标志用于香菇产品，产品销往国内各大中城市和日本、东南亚、欧美等60多个国家和地区。驰名商标的获得，不仅对进一步提高"庆元香菇"知名度，弘扬香菇文化，打响区域品牌具有深远意义，还能增加我国农业品牌的含金量，提高证明商标价值，推动区域经济发展。

（2）庆元香菇市场

坐落在庆元县松源镇北侧的新建路，是1984年新客运站建成投入使用后建立起来的一条街道，地处庆元北至龙泉、东至寿宁的公路线起点上，以民房为主。随着改革开放搞活经济一系列方针政策的深入人心，山区农民的思想解放了，观念更新了，商品经济意识增强了，他们不仅是商品的生产者，也是商品的经营者。1986年以来随着人造菇木露地栽培技术的推广，使庆元县的香菇生产迅猛发展，产量成倍增长，大量的菇品寻求销路，越来越多的农民介入流通，打破了香菇一贯由供销社独家经营的局面。新建路以其交通方便的优势，迅速变成了香菇销售中心，从1988年开始，香菇购销者就以街为市，在这里进行交易。沿街居民把握机遇，立即着手整修房屋，开门设店，五六米一家，四五步一店，自己经营或租给他人经营香菇。因此，这条路也很快成为人来人往、热闹非凡的街道，被群众喻为"香菇街"。外地客商风趣地说："走过庆元香菇街，脱了鞋子袜也香。"1990年9月浙江省《经济生活报》几位记者到庆元"香菇街"采访，撰写了《深山沟里办起了大市场》的专题报导，写的就是自然形成的、以新建路街道为售市的香菇市场，也就是现在庆元香菇专业市场的前身和雏形。

为稳步发展香菇生产，使这一传统产业能为庆元人民造福。庆元县委、县政府本着"新建一处市场，带动一门产业，搞活一片经济，富裕一方群众"的指导思想，决定按商品经济流通的要求，建设一座符合现代水平的香菇专业市场。这一果断的决策，既适应商品经济发展的潮流，又顺应民心；既能解决新建路的交通拥堵问题，又能满足香菇交易的需求，因此，得到了全县人民的支持。1989年相关部门进行可行性论证，1991年批准立项，1992年1月11日庆元香菇市场开业，市场总占地面积3万平方米，建筑面积4.1万平方米，总投资1 200万元。拥有230间交易店面，1.25万平方米的低温冷库和各类大小标准仓库。市场以经营香菇为主，兼营木耳、灰树花、牛肝菌、草菇等30多种其他食用菌系列产品，是全国最大的香菇专业批发市场和浙西南地区最大的农副产品冷藏中心。

庆元香菇市场开业盛典

庆元香菇市场不仅吸引庆元这一食用菌王国本地生产的全部香菇上市交易，还吸引了龙泉、景宁等县市和毗邻的福建省乃至陕西、湖北、江西、河南等主要香菇产地的香菇入市中转，迎来八方客商云集。庆元香菇不但销往全国各省市，还远销日本、美国、法国、韩国、东南亚以及我国港、澳、台等30多个国家和地区。市场开业至今，年均销售干菇6 500吨，年交易额达12亿元。

庆元香菇市场的逐步形成和发展，促进了香菇生产的迅猛发展，使香菇产业成为庆元经济的重要支柱，给庆元山区人民带来较好的经济效益，同时也带动了其他产业的发展，为山区群众脱贫致富打开了门路。2015年1月20日，新的庆元香菇市场正式开业营业，项目占地22公顷，建筑面积40万平方米，总投资18亿元。主要由市场物流区、总部经济区、市场配套公寓区、香菇文化广场、香菇大楼及新城商业街区六大业态区块组成，构建交易规模化、空间信息化、冷链一体化、配套多样化四大服务体系，具有农产品交易、农产品展示展销、旅游购物、电子商务、物流冷藏、食用菌加工、全国食用菌价格指数发布、金融服务、会议服务、餐饮服务等多种功能，有效激活了现代化商业交易，特别是以质量认证标准为基础，切实实现线下实体店铺与线上物联网交易相结合的现代电商经营模式，全力打造成为食用菌全球采购中心。

开业至今，香菇市场交易区451个铺位、鲜菇交易区31个铺位和4万多平方米的仓库都已全部租赁出去。入驻商家除庆元本地的外，还有来

新建的庆元香菇市场

自龙泉、云和、景宁和福建古田、寿宁、松溪、政和的经营户，"买全国，卖世界"的市场格局基本形成。2016年年初，以香菇市场为中心的庆元香菇小镇成功列入第二批省级特色小镇创建名单，山城里的"小菇花"绽放出了面向世界的大市场。

4. 发展之基

香菇在我国具有悠久的历史和良好的文化，且我国在香菇生产方面具有其他国家和地区所不具备的优势。同时香菇相比于其他产业也有一定优势，在我国诸多农、林产品中，香菇最具有竞争力。

目前香菇生产主要集中在中国、日本、韩国。欧洲、美洲、大洋洲及东南亚其他国家的香菇生产可以忽略不计。近几年我国香菇干菇年产量雄居世界第一位，相反地，长期垄断香菇国际市场的日本，由于森木资源紧缺，能源紧张，日元危机，生产后继乏人等诸多因素的影响，香菇生产跌入低谷。

中国香菇独占鳌头的原因是，香菇属于微生物生产方式的密集型劳动，未能解决机械化生产问题，手工部分占劳动量的65%。日、韩以及中国台湾省经济发达，香菇作为较艰苦的劳动，已逐渐被年轻一代所放弃。香菇生产在我国，尤其是浙江丽水、闽东等地已有数百年历史，具有最坚实的基础，只要调理好与森林及财政税收的关系，改善品质，便能适应国际香菇市场瞬息万变的需求。当没有更优势的产业可以取代时，香菇产业将在很长的时间内，造福于广大菇农。

菇史新传

仅用近30年时间，原本藏匿深山、依赖原木栽培的香菇走出大山，在"人造菇木露地栽培"技术革命下，代料香菇栽培转移到平原，走进千家万户，又走进工厂，开始集约化生产，出菇周期由过去的两三年，缩短到今天的两三个月。

不仅如此，香菇的科研和精深加工也迎来明媚的春天："四季接种培养，四季出菇"成为现实；"免割保水膜袋栽培花菇新技术"项目取得重大突破；研究开发的"庆科20"新菌株已是浙江省第四代香菇法定品种；方格公司在香菇里提取多糖制作胶囊，用于保健防癌；百兴公司的香菇产品精细包装进入超市终端销售；绿园公司收集香菇粉末加工美味调料……

香菇文化，在传承中与时代共进。每年的11月11日，被确定为庆元香菇节，以菇会友，以节兴业，弘扬文化；政府导入CIS理念，对"庆元香菇"品牌形象全方位包装设计；香菇文化旅游线路推出，外地游客纷至沓来。

民间收集、抢救香菇文化遗存蔚然成风。庆元县龙岩村村民自筹资金开发中华香菇文化村，建立香菇诗文碑廊；吴锦辉老人情系"香菇功夫"，整理出50多种"香菇功夫"招式，制成录像带集；吴传益开发香菇文化观光园，再现香菇生产历史演变进程；庆元荷地村民自发抢救"二都菇民戏"，失传多年的民间剧种重现光彩；香菇历史、人物、风情、诗词、庙会、烹饪、功效等香菇文化系列丛书陆续出版……

香菇文化基因，千百年来始终流淌在菇乡儿女的血脉里，体现在广大菇民的行动中。正因为香菇文化这种不可阻挡的传承力量，代代相传，代代发扬，才累积成了今天灿烂的香菇文化，同时也预示着庆元香菇的美好未来。

（引自：庆元县政府网）

中国菇乡

香菇之源——庆元
香菇文化系统

二

浙江庆元香菇文化系统

关于香菇栽培的起源，目前公认是庆元、龙泉、景宁三县交界地的龙岩村（今属庆元县百山祖镇）农民吴三（后人尊称为吴三公）所创。吴三公在崇山峻岭中采摘野外蘑菇时，发现从树上掉下来的树干上生长着一种香味很好的蘑菇——香菇，他还发现在原木的树皮上，使劲挥砍它们，可以促使这些蘑菇的大量生长。最后他总结出了一套如何选择场地、如何选用菇木、如何砍坎种菇及如何惊蕈催菇的人工栽培香菇的生产技术，成为历史上剁花法生产香菇的第一人。他的这一重大发明，打开了食用真菌的宝库，给山区人民开辟出一条生产致富之路，为人类文明作出了杰出的贡献。

（一）

系统概况

庆元县位于浙江省丽水市西南部，地理位置东经118°50′~119°30′，北纬27°25′~27°51′，北面与本省丽水市的龙泉市、景宁县接壤，东西、南面与福建省寿宁县、松溪县、政和县交界。南北长49千米，东西宽67千米，土地面积1 898平方千米。

2014年6月12日，农业部公布第二批中国重要农业文化遗产名单，庆元香菇文化系统榜上有名，成为了第一个入选中国重要农业文化遗产的食用菌行业文化遗产。专家认为，庆元香菇文化系统是庆元县农耕文化的重要体现方式，是庆元县劳动人民长久以来生产、生活实践的智慧结晶，保护好这一传统农业系统，对于保护好地方农业生物多样性和文化多样性，促进香菇产业的进一步发展，促进经济社会的可持续发展以及生态文明建设等具有非常重要的意义。

浙江庆元香菇文化系统覆盖整个县域。庆元县现辖濛洲、松源、屏都3个街道，黄田、竹口、百山祖、荷地、左溪、贤良6个镇；岭头、五大堡、淤上、安南、张村、隆宫、举水、江根、龙溪、官塘10个乡，共19个乡级政区。2011年户籍人口204 956人，以汉族为主；其中少数民族人口2 095人，包括畲族、蒙古族等17个少数民族，以畲族人口为主。庆元县是著名的"香菇之乡"，食用菌产业是庆元县的主导产业，近年来，通过一手抓资源保护，一手抓多品种开发，食用菌产业走上了良性发展的轨道。2015年庆元县实现生产总值57.07亿元，同比增长8.7%，其中，第一产业增加值7.76亿元，同比增长5.8%；第二产业增加值25.29亿元，同比增长12.5%；第三产业增加值25.29亿元，增长12.5%。

浙江庆元香菇文化系统

　　根据农业文化遗产的特点以及浙江庆元香菇文化系统特色，按照保护与发展相关原则的要求，结合庆元县保护区范围内的现状条件及发展优势，可将庆元香菇文化系统农业文化遗产保护区划分为8大区域，分别为：自然保护区、历史文化区、香菇产业集聚区、食用菌产业发展区、香菇栽培产业发展区、休闲旅游区、生态保育区及香菇传统栽培示范区。

浙江庆元香菇文化系统农业文化遗产地功能分区

功能区	涉及乡镇	面积（平方千米）	比例（%）
自然保护区（含珍稀菌类保护区）	百山祖镇	151.65	7.99
历史文化区	龙岩村、月山村、大济村		
香菇产业集聚区	松源街道、濛州街道、屏都街道	299.56	15.78
食用菌产业发展区	竹口镇、黄田镇	290.36	15.30
香菇栽培产业发展区	荷地镇、五大堡乡、岭头乡、举水乡、淤上乡、张村乡	629.03	33.14
休闲旅游区	隆宫乡、安南乡、左溪镇、贤良镇	372.30	19.62
生态保育区	江根乡、官塘乡、龙溪乡	155.10	8.17
香菇传统种植示范区	西洋村		
合计	19个乡镇	1 898.00	100.00

功能分区说明：

自然保护区：以百山祖国家级自然保护区独特的地形和水文地理环境、丰富的森林植被、大量的珍稀动植物资源以及成熟完善的保护体系为依托，对百山祖适合野生食用菌生长的自然环境以及世界香菇人工栽培发源地的人文环境实施有效保护。

历史文化区：以香菇文化发源地龙岩村、进士文化集中的大济村、地方传统文化保留完好的月山古村落为保护核心，保护传统文化遗留下来的物质财富和精神财富，传承传统的地域特色文化。

香菇产业集聚区：以松源、濛州、屏都3个街道作为庆元城市发展的核心区域，不仅是香菇的主要栽培区域，同时也是加工企业的主要分布区域，在香菇加工、品种开发、研发、深加工领域具有较强的发展优势，规划建设成为香菇栽培及深加工的重点区域。

食用菌产业发展区：充分利用省道龙后线的交通优势，以该轴线上城镇（集镇）现有产业基础为依托，不断加强城镇（集镇）间联系通道的建设，形成区域内的发展主轴，带动食用菌产业发展。

香菇栽培产业发展区：根据各乡镇产业发展情况和发展潜力，结合社会需求，协调整体与局部的关系，确定香菇栽培产业发展区，以实现庆元香菇产业的可持续发展。

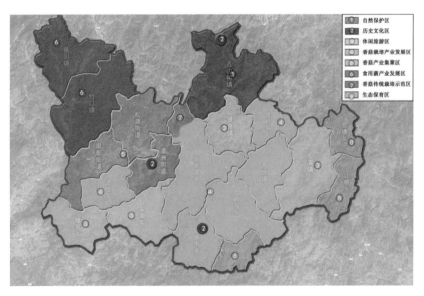

浙江庆元香菇文化系统农业文化遗产地功能分区图

休闲旅游区：以现有的农业资源优势、自然环境优势、产业优势、交通优势、风景资源优势、旅游开发现状优势为依托，结合香菇产业布局，确定休闲旅游区域，开发各种以香菇文化为主题的休闲旅游产品，促进农业文化遗产地的休闲农业发展。

生态保育区：根据江根乡、官塘乡、龙溪乡现有的森林资源和自然环境状况，结合当地的农业生产基础和农村人口流失现状，将其功能定位为生态保育区，作为整个县城的生态屏障和后备资源。

香菇传统种植示范区：在西洋村适当恢复香菇剁花法传统栽培，与松源殿、兰溪桥等景点连成一片，以更好地继承和发扬香菇文化。

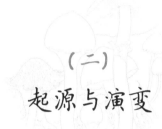

（二）
起源与演变

浙江庆元香菇文化系统的起源可以追溯到800多年前，自香菇始祖吴三公在庆元龙岩村发明剁花法生产香菇以来，庆元菇民长期从事香菇生产，创造并传承至今形成了人与自然和谐发展的独特的农业生产系统，该系统的历史演变主要经历了3个阶段。

1. 吴三公发明剁花法栽培香菇技术

第一个阶段以吴三公发明剁花法为标志（800多年前）。剁花法栽培香菇是中华农业文化的瑰宝，开创了森林菌类产品利用之先河。此法在利用森林的同时，又保持森林生态的良性循环，是森林可持续利用的典范。

剁花法栽培香菇

香菇培植的初始阶段非常粗放，山民们随意在菇木上砍一些刀痕生产香菇。可吴三公发现菇木树种不同，被砍的刀痕深浅、大小、位置、方向不同，出菇的数量、大小就都不一样，有的刀痕甚至不出菇。为此，他选择出一些容易出菇的树种，用不同的刀法，按不同方向、深浅等要求规范有序地砍出刀痕之后进行对比，从中得出许多经验，形成剁花法栽培香菇技术。

元代大农学家王祯1300—1304年出任信州永丰（今江西广丰）县令时，在其编著的《农书·菌子》篇（1313年刊印）中详述了香菇栽培方法。其内容为："今山中种香蕈，亦如此法，但取向阴地，择其所宜木枫、楮、栲等伐倒，用斧碎砍成坎，以土复之，经年树朽，以蕈碎锉，匀布坎内，以篙叶及土复之，时用泔浇灌，越数时、则以槌棒击树，谓之惊蕈，雨露之余，天气蒸暖，则蕈生矣，虽逾年而获利，则利甚博，采讫遗种在内，来岁仍复发，相地之宜，易岁代耕，所采生煮食，香美，曝干则为干香蕈，今深山穷谷之民，以次代耕，殆天苦此品，以遗其利也。"元广丰距离庆元150千米，历来是庆元、龙泉、景宁菇民外出制菇之地，其中记载的香菇栽培法与这三县菇民剁花法栽培基本吻合，说明王祯的香菇栽培是他在广丰时根据三县菇民的香菇生产过程而记载的。

王祯农书对香菇的记载，可以说是目前为止有明确记载香菇栽培的最早的史料。明代陆容（1436—1494年）在任浙江右参政期间（1470年前后），写了《菽园杂记》，其中关于香菇栽培的185个字引用了明正统（1436—1449年）修纂的《龙泉县志》比王祯农书晚了100多年。

王祯《农书·菌子》篇对香菇的描述对现在研究香菇历史具有重要意义。第一，可以证明我国香菇的剁花法栽培已扩展至闽、赣、皖诸省。第二，对栽培技术如"种"的概念等已有了相当程度的认识，这是极不寻常的。香菇剁花法栽培，以孢子的自然繁殖为核心，能认识"遗种在内"，王祯还是历史上第一人。第三，技术已比较完整和成熟，如①选择菇场（向阴地）；②选择树种（枫、楮、栲等）；③剁花（用斧碎研成坎）；④惊蕈（以槌棒击树）；⑤焙制（曝干）。其精髓在于选树、剁花、惊蕈三条。第四，王祯已深知香菇栽培已是深山穷谷之民的一种谋生手段，是对森林的一种合理利用。

在明初时期，人工栽培香菇技术已进入成熟阶段，而这一古老方法所以能延续至今而不衰，一是剁花法集中了菇民的长期经验，符合香菇的生物学特性，是中华民族古老的农业文化的组成部分；二是剁花法是对森林资源的合理利用，对林相、树种、郁闭度及小气候有严格的选择，每冬砍伐菇木的数量有严格的限制，并且是异龄择伐，不怕弯曲空心；砍伐期及砍伐作业有严格规则，砍伐期与休眠期吻合，有利于萌芽更新，剩余物不搬出菇山，增加腐殖质，有利于幼树生长；三是剁花成本低，设备省，容易被一般菇民所接受。

2. 段木香菇栽培成功

第二个阶段以庆元利用香菇菌种栽培段木香菇成功为标志（1967年）。段木法指将适宜栽培香菇的阔叶树伐倒后截成段木，植入纯香菇菌种，然后在适宜香菇生长的场地集中进行人工科学管理的方法，又称"段木纯菌丝接种法"。这是在剁花法基础上所形成的人工栽培

段木法栽培香菇（郑承春/摄）

香菇的一次技术革命，既缩短了香菇栽培周期，又大幅提高香菇产量。香菇菌种驯化成功，结束了依靠天然孢子接种生产的传统历史，开启了人工纯菌丝接种栽培香菇的新时代。

20世纪70年代末80年代初这4~5年，纯菌丝播种技术在全国大规模推广，庆元、龙泉、景宁三县的十多万菇民利用传统剁花法的优势，结合菌丝播种技术，使段木香菇产量大幅度提高，然后逐渐过渡到全面真正采用纯菌丝播种技术，这次技术变革，使香菇业者队伍从怀揣祖传密术的三县菇农扩大到全国广大山区农民。有关科研单位随后从日本引进了优良的段木香菇菌种，使香菇产量和质量进一步提高。在此期间，裘维藩的《中国食用菌及其栽培》（1952年）、上海农业试验站的《食用菌栽培》（1959年）、张芸与李萍的《香菇栽培方法》（1960年）等图书相继出版，为段木香菇新法栽培技术推广和传播香菇栽培知识发挥了积极作用。香菇纯培养菌丝播种技术彻底打破了800年原木剁花法一成不变的局面，使广大山区人民在短期内掌握了段木香菇栽培技术，极大地解放了生产力，使香菇产量成倍增加，质量大大提高，生产周期大为缩短，使中国香菇生产开创了崭新局面。

3. 代料法生产香菇

第三个阶段以庆元成立资源利用实验厂，进行香菇生产技术研究，开展木屑菌丝压块栽培试验和推广为标志（1979年）。这一阶段的代表性技术是代料法生产香菇，即依据香菇生长发育的营养特性和需求，利用富含纤维素、木质素和半纤维素的木屑，作物秸秆、野草等作为培养料，

代料法栽培香菇

适量配加富含有机氮、维生素及重要无机盐的麦皮、米糠和石膏等物质，配成适宜香菇生长的培养基，这是继段木栽培之后的又一次重大技术革命，大大提高了生物学效率。

庆元县于1979年从上海引进室内压块栽培香菇技术，由吴克甸等在不同海拔高度的11个点示范试验获得成功。随后，姚传榕研究成功"三脱离木屑栽培香菇技术"。1988年，由吴克甸、吴学谦等选育成功中低温型迟熟代料香菇新菌株241-4，改夏秋高温期接种为冬春低温期接种，摸索总结出刺孔通气、袋内转色、室外越夏、偏干出菇管理、保湿催蕾等一整套春栽香菇技术，使接种成品率和香菇质量大大提高，极大地推动了全国代料香菇的发展。241-4的选育及配套的春栽技术1993年经鉴定达国内领先水平，荣获浙江省科技进步奖二等奖。

现代"吴三公"——吴克甸

现代"吴三公"——吴克甸

吴克甸一心扑在食用菌的科研工作中，是庆元县唯一一个获国家级科技进步奖的食用菌专家，因此被农民尊称为"现代吴三公"。

吴克甸主持育成香菇菌株"241-4""庆元9015"，已成为庆元县乃至全国代料香菇主栽品种；创立了庆元香菇栽培技术模式并在全国推广；主持研究成功灰树

花人工栽培技术并实现了产业化开发，填补了我国人工栽培灰树花
的空白。主持或承担完成24项研究课题，获国家科技进步奖二等奖
等各级成果奖励21项，科研成果转化辐射至14个省份、210多个县，
实现经济效益数十亿元；1997年退休之后还积极参与食用菌科研、
推广与宣传工作，开展了食用菌胶囊菌种制作技术和袋栽花菇免割
保水膜袋技术等研究。

　　随着代料香菇面积的不断扩大，国内外市场对香菇品质的要求也越来
越高，促使香菇质量必须更上一层楼。花菇是香菇中的上品，市场需求量
大，效益好。在选育低温型迟熟代料香菇菌种241-4的同时，庆元食用菌研
究所以吴克甸所长为代表的广大科技工作者就着手进行代料花菇生产技术
的攻关。通过品种筛选、环境控制、方法创新，1987年"代料花菇栽培技
术研究"获得初步成功，代表性成果是"高棚层架花菇栽培法"。该技术
已在全国大面积推广应用，取得了十分显著的经济、社会和生态效益。

　　香菇栽培从过去最初的天然孢子接种的剁花栽培，发展到现在的代
料法和反季节花菇栽培，尽管产出价值在不断提高，但香菇生产消耗阔
叶林木材资源却一直没有改变。目前香菇生产技术是森林资源最好的综
合利用途径，充分利用了阔叶林采伐和加工的剩余物，甚至连废弃菌棒
都重新利用，木材综合利用率大幅度提高；同时，林农直接从价格提升
中增加收益，也更加珍惜爱护森林，可以说庆元香菇生产已进入菇林和
谐发展阶段。

高棚层架栽培

（三）
独特性与创造性

1. 独特性

　　浙江庆元香菇文化系统自发明剁花法生产香菇以来，庆元菇民依托良好的生态环境和丰富的森林资源，从事香菇生产延续至今，形成了包括森林可持续经营、林下产业发展、香菇栽培和加工利用技术、香菇文化和地方民俗在内的农业文化遗产系统。该系统不仅包含了以香菇生产为主体的农业生产方式和相关的农业文化，更重要的是作为菇民区特有的纽带联系着社会组织与分工，融入地方社会文化的各个层面，并由此形成了独具特色的香菇文化，在中华文化宝库中独放异彩。800多年来香菇产业一直是庆元人民赖以生存的传统产业，全面认识该系统的价值对我国农业文化传承、农业可持续发展和农业功能拓展具有重要的科学价值和实践意义。

2. 创造性

　　吴三公发明的剁花法栽培香菇技术，使深山老林中的"朽木"得到充分合理的利用，开创了森林菌类产品利用之先河。剁花法采取择伐的方式经营林木，考虑到菇木的郁闭遮阳和山场的养蓄轮作，一般胸径在12厘米以下的树木原则上是不允许砍伐的，这样不仅不会破坏森林植被，还在客观上促进了森林的更新，是一种与自然和谐的耕作方式，非常符合现在的林木采伐操作规程。

　　为适应四时节气变化，庆元先民结合水稻种植与香菇栽培季节，实现菇—稻轮作；为合理利用林地资源，他们在深山老林中栽培香菇时，合理选择区域，合理间伐林木，将香菇栽培用过的材料当作燃料进行香菇的烘烤，注重保护林木资源，是早期传统农业合理利用自然资源的方式。"自然丛林—林下香菇"构成了融水土保持和经济价值为一体的生态良好的香菇生产系统，堪称人与自然和谐的典范。

庆元香菇文化系统通过"森林孕育香菇，香菇反哺森林"循环机制维持系统的正常功能，为人类提供集食用、药用和保健等多种用途于一身的食用菌菌类产品，对维持人类食物安全、农业可持续发展等具有重要意义。这种既能发展农业增加收益，又不破坏森林资源的菇林共育模式给自然条件相同的其他山区发展致富提供了一种值得借鉴的发展模式。同时，一些传统民俗中蕴含着可持续发展的思想，使得该系统能够代代相传，生生不息，持续养育一方人民，为解决目前人类面临的生态环境问题提供了重要参考。

吴三公

12世纪下半期，吴三携母亲妻儿沿龙庆古道到西洋、盖竹（今竹山）一带制菇并传播菇术。菇术首先在吴三后裔中传播。他们大都分布在龙庆景各地，多数在庆元东部，主要是在沿龙岩去福建斜滩的道路附近，并逐步向福建省和江南各省拓展。清乾隆年间，庆元、龙泉、景宁三县菇民达15万人，9万以上是庆元人。

吴三于宋嘉定戊辰年（1208年）8月13日离开人世，后人曾称其为吴三公。据明万历宗谱载："公葬乌龙墓，与父隔壁，吴处兰花形。"吴处五叶兰花的墓地至今尚存。除了清明节扫墓外，每年农历三月十七日（生日）和八月十三（祭日）龙岩村民都要到吴三公祠隆重祭拜，数百年来成为固定习俗。西洋殿的习俗则定每年6月16~18日为香期，外出制菇的菇农回乡过节还愿。

吴三公像

菇林共育——生态和谐的典范

三

浙江庆元香菇文化系统

　　庆元县菇民在长期的生产实践中，形成了从选场、栽培、采摘到加工香菇的一整套完整的生产经营知识体系与适应性技术。为适应四时节气变化，合理利用林地资源，庆元先民合理地结合水稻种植与香菇栽培季节，实现菇—稻轮作；在深山老林中栽培香菇时，合理选择区域，合理间伐林木，将香菇栽培用过的材料当作燃料进行香菇的烘烤，注重保护林木资源，是早期传统农业合理利用自然资源的方式。"自然丛林—林下香菇"构成了融水土保持和经济价值为一体的生态良好的菇林共育系统，堪称人与自然和谐的典范。

（一）
得天独厚的生长环境

　　按照香菇生长的要求，庆元县具有三个得天独厚的自然条件。

　　一是资源丰富。全县林地面积251.7万亩，占总面积87.6%，在广阔的林地上，分布着2 000多个植物种类。林木蓄积量846万立方米，立竹量54 520 400万株，森林覆盖率达86%，是浙江省8个林业重点县之一。

　　二是地形适宜。全境山岭连绵，群峰起伏，地形东北高，西南低，自东北向西南倾斜。东北部高山区相对高度600～800米，主峰百山祖海拔1 857.7米，为浙江省第二高峰。西南部和中部是低山河谷地区（统称半山区），海拔一般在330～600米。全县绝大部分地区由古老的火成岩组成，由于受后期造山运动的影响，地壳经过多次抬升，地表深切，河流蜿蜒曲折，两岸大都是高山深谷，相对高度为海拔500米左右，这样的地势地貌，正好满足了香菇的生长要求。

百山祖（闵庆文/摄）

百山祖云海（初小青/摄）

三是气候温和、温差大。庆元县属亚热带季风气候，温度湿润、四季分明。年平均气温17.6℃，降水量1 741.2毫米，无霜期255天。

➢ 夏无酷暑，冬无严寒。松源镇等低海拔地区最热月（7月）平均气温26.9℃，最冷月（1月）平均气温7℃。夏季极端最高气温41.1℃，极端最低气温10.7℃。冬季日均温度低于0℃的天数不多，最少年份（1990年）仅6天。

➢ 气温变化较大，冷害概率较多。春寒概率50%，秋寒概率40%。荷地、百山祖等高山的地区春、秋遇冷概率比低海拔地区还要高。

➢ 立体气候，高低差异明显。根据测定，海拔每升高100米温度降低0.53℃，降水量增42.3毫米，无霜期缩短7天。

➢ 雨量充沛，分布欠均。据测定，年平均降水量1 740～2 350毫米，高低相差610毫米。中部地区的南、北两侧中山区雨量较多，东部次之，西部最少。5～6月为多雨期，9月至翌年2月为少雨期。一般6月最多，12月最少。多与少相差7～10倍。整个区域春夏季雨热同步，秋冬季光温互补，宜于香菇等菌类生长。

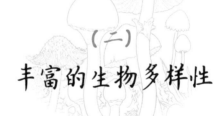

（二）
丰富的生物多样性

1. 香菇及其品种多样性

庆元县有800多年人工栽培香菇的历史，历经剁花法、段木栽培法、木屑压块式栽培法、代料栽培法等栽培技术。长期以来庆元全境都是香菇栽培区，香菇栽培基数大，在栽培过程中品种的遗传变异系数较大，具有丰富的香菇自然变异株系资源。庆元县食用菌科研中心每年都要收集大量的香菇特异株系进行品种筛选试验或提纯复壮试验，为新品种选育奠定基础，先后育成多个全国影响力较大的香菇主栽品种，自主品种

全国食用菌品种认定证书

有241-4、庆元9015、庆科20等，在我国香菇栽培中占有很大比重，同时还大量引进筛选适合在本地栽培的优良品种，包括135、Cr04、33、62、26、闽丰1号、武香1号、中香68等。

庆元县食用菌科研中心

　　庆元县食用菌科研中心创建于1979年，是从事食用菌育种驯化、高产栽培技术研究、新资源开发、科技成果转化及产品开发、食用菌信息处理及对外技术服务的专业机构，现已发展成为浙江省重点试验基地、浙江省农科教结合示范区食用菌科教基地和浙江省食用菌母种定点生产单位，是国内的食用菌原种生产供应基地。中心下设研究所、菌种站、推广站、综合服务站及庆元县天宝食用菌有限公司等机构，现有员工35名，其中具有高级职称的3名，中级职称的8名，初级职称的15名。中心占地面积20.8亩，主楼面积5 300平方米，建有先进的育种驯化实验室、种质资源库、菌种冷藏库、恒低温洁净室、综合实验室、病虫实验室以及先进的菌种生产流水线、试验菇棚、培养室、电化教室等设施，具备较为完善的科研、生产和推广条件。在庆元拥有多个菌类栽培示范大型基地，同时还在杭州承建占地13 000万平方米的省级无公害蔬菜示范基地——杭州小和山食用菌基地，并承建浙江省农业厅在杭州西湖区占地100余亩的浙江省食用菌良种繁育中心。

中心先后承担国家科技攻关项目1项，星火项目2项，省部级科研项目17项，市、县级项目30余项。经专家鉴定达到国内先进研究水平以上的成果12项，其中国际领先水平成果1项、国内领先8项、国内先进3项；研究成功并向全国大面积推广"高棚层架代料栽培花厚菇技术"，促成了我国食用菌产业的重大发展；选育成功并通过省农作物品种审定委员会审定段木香菇"82-2"及代料香菇新菌株"241-4""庆元9015""庆元939"和"庆科20"等，其中"241-4"成为香菇栽培的当家品种。中心先后荣获国家级奖项2项、省部级奖项9项、市厅级奖项19项，其中：省部级科技进步奖二等奖3项、市厅级科技进步奖一等奖4项，2000年有两个项目分别被中国食用菌协会评为"全国食用菌行业十佳优秀科技成果"第一名和第四名，1997年被国家科委授予"贯彻执行《中华人民共和国技术合同法》先进集体"称号，历年被中国食用菌协会授予"全国食用菌行业先进科研单位"称号。在省级以上刊物发表论文50余篇，出版论著5部。为国内食用菌领域的科技进步和提高农业经济效益作出了较大贡献。

庆元县食用菌科研中心

庆元县食用菌科研中心——实验室（叶晓星/摄）

2. 丰富的食用菌资源

庆元县处在洞宫山脉中段，属中亚热带南区，是闽江、瓯江和交溪（福安江）的发源地，也是人类栽培香菇的发源地。这里山体庞大，地形复杂，气候多样，年降水量1 740毫米。森林覆盖面积大，生态环境多样，真菌资源十分丰富。大型真菌达423种，其中可食（药）用真菌有360种，有价值的重要菌种79种。草菇、茯苓、竹荪、鸡油菌、灰树花、美味牛肝菌、平菇、灵芝、银耳、黑木耳、珊瑚菌鸡枞、红菇等野生菌、药用菌早已被人们认识。

庆元人民把生长在森林草甸中可食的美味牛肝菌、黏盖牛肝菌、褐环牛肝菌、绒盖牛肝菌统称为"黄甸蕈"，黄是指此菇的颜色，甸是它的生态环境，蕈是民间传统的美蔬。荷地、左溪一带的农民祖辈流传着将牛肝菌盐腌藏于竹筒以待客的方法。近年来随着经济的发展，"黄甸蕈"不仅进入大城市而且开始出口外销；平菇形如鸽子，色泽洁素，民间称为"白鸽蕈"，现在已成为普通蔬菜，也是全世界都在推广栽培的食用菌，由于各个国家的努力，它的产量仅次于蘑菇。民间称作"云蕈"的灰树花是每年中秋时节被主要采取的食用菌，它婀娜多姿，层叠如云，已被庆元食用菌科研中心率先在国内栽培成功。

在众多的野生食用菌家族中，由于庆元县科技人员的努力，已形成规模生产的有香菇、茯苓、草菇、灰树花、红托竹荪、棘托竹荪、银耳、毛木耳8种；已形成一定产品优势的有金针菇、灵芝、黑木耳、平菇（包括凤尾菇）、猴长根菇、牛舌菌、圆孢地花7种；引进可以栽培的有滑菇、元菇、双孢蘑菇、密环菌4种。庆元县的科技人员还在食用菌的加工上大做文章，除了金针菇、香菇、猴头菇罐头外，还开发出了珍味香菇、木耳、竹笋等软包装产品。

庆元主要食用菌品种介绍。

（1）牛肝菌

又名黄黡牛肝菌，俗称"黄黡菇"，是庆元特有的野生珍稀菌根食用菌品种。生长于海拔700米以上的松栎混交林中，目前尚不能人工栽培，因而更显珍贵。其营养极为丰富，具有祛风散寒、舒筋活络、补虚提神等功效。民间常用于治疗感冒咳嗽、食积腹胀、老年失忆眼花等症。干品牛肝菌以菌片呈白色（其次为浅黄色、褐色）、清香无异味、无虫蛀者为上品。牛肝菌上的黑色斑点，是天然生长现象，不影响食用。

牛肝菌　　　　　　　　　　　　　　灰树花

（2）灰树花

又名贝叶多孔菌、舞茸等，素有"食用菌王子"之称。其肉质嫩脆、味道鲜美，营养丰富。具有增强免疫力，抗癌、抗高血压，降血糖血脂、保肝等功效。常食能补身健体、延年益寿。灰树花品质以外观块形完整、表面光滑，结构紧密，其原味香浓、无异味者为上品。泡发干灰树花宜用加盐的温水，洗净后再用手撕成碎片（不宜用刀切）进行烹制。

（3）黑木耳

又名云耳、树鸡等，因其形如人耳且色黑而得名。据测定，每百克黑木耳中含铁185毫克，比肉类高出100倍，比蔬菜中含铁最高的芹菜多6倍，素有"素中之荤"的美誉。《本草纲目)记载："黑木耳性甘平，主治益气不饥，轻身强志，并有治疗痔疮、血痢等作用。"因其所含的纤维素和植物胶原具有较强吸附作用，能将残留在消化道中的杂质吸附后排出体外，又有"人体清道夫"的美誉。鲜品黑木耳以色黑、肉厚、朵大、质地细腻，无霉烂、虫蛀，手握有弹性的为上品。黑木耳不宜用热水泡发，因热水泡发后不但会有损口感，变得绵软发黏，还会使不少营养成分被热水溶解。黑木耳泡发后，可撒上少量的面粉，反复轻轻揉搓，去除杂质。

黑木耳

（4）银耳

又名白木耳、雪耳等，因其附木而生，色白如银，状似人耳而得名。具有润肺止咳、补肾健脑、保肝排毒、补气活血、美容嫩肤、延年益寿之功效。银耳既是名贵的营养滋补佳品，又是扶正强壮之补药，其滋阴润肺的作用足与燕窝媲美，具有"菌中之冠"的美称。干品银耳以色泽黄白，鲜洁发亮，朵形似梅花，气味清香，胀性好，胶质重，无斑点、无碎渣者为上品。银耳烹熟后切忌久放，如一次吃不完可放入冰箱冷藏。银耳用冷水泡发后，要将根部发硬发黄的部分去除干净，然后用手撕成小片再烹任。

银耳

竹荪

（5）竹荪

又名竹笙、竹参等，是世界上最珍贵的食用菌之一，为历朝宫廷贡品。因其具有优雅的体姿、鲜美的口味和丰富的营养成分，素有"真菌皇后"的美称。1971年周恩来总理曾以竹荪芙蓉汤款待美国特使基辛格，从而使竹荪更加驰名中外。竹荪富含胶质纤维，具有防止腹壁脂肪沉积的刮油作用，对高血压、高胆固醇和肥胖症具有一定疗效。此外，竹荪还是天然的防腐剂，加入竹荪烹调的菜肴，经数日后依然能鲜味犹存，不馊不坏。选购干竹荪时应尽量挑选外观完整，菌裙较长且均匀、色泽淡黄的品种。鲜竹荪用冷水洗净、剪根，放入开水中焯过后迅速捞出晾凉，再烹制。

（6）茶树菇

又名茶薪菇、油茶菇等。因其天然生长于油茶树腐根部及周围地带而得名。其盖肥柄长，食之脆嫩可口，风味独特。内含人体所需的17种氨基酸，十多种微量元素和抗癌多糖，具有补肾壮阳、益气和胃、宁神降压、防癌抗衰等功效。经常食用对肾虚尿频，水肿气喘，小儿低热等有较好的食疗效果，被誉为"中华神菇"。干茶树菇的品质以菇盖厚实、茎秆微棕色、粗细适中、清香无异味的为上品。适合烹制各种佳肴，可与禽肉类清炖或煲汤；也可泡发后用于炒盘。

茶树菇

杏鲍菇

（7）杏鲍菇

又名雪茸、刺芹侧耳等，因其有杏仁的味道和鲍鱼的口感而得名，是一种优质的大型肉质伞菌。其菌肉肥厚，质地脆嫩，味道鲜美，松脆可口，被誉为"平菇之王"。具有降血脂、降胆固醇、增强免疫力、促进消化的功效，因此杏鲍菇不失为老年人、心血管疾病和肥胖症患者的理想食品。鲜菇以菇体饱满、肉质细腻、洁白光滑、菌盖边缘内卷呈保龄球状者为上品。杏鲍菇口感脆嫩，韧性好。用清水浸泡洗净后，炖煮、烹炒均可。

（8）猴头菇

又名刺猬菌、花菜菌、山伏菌等，是我国著名的食药两用真菌，被誉为"蘑菇之王"。其肉质鲜嫩、味香爽口，与熊掌、海参、鱼翅并称为中国四大名菜，素有"山珍吃猴头，海味食燕窝"之说。猴头菇性平、味甘，具有利五脏、助消化、滋补、抗癌、提高人体免疫力等功效。国内外已广泛应用于慢性胃炎、胃溃疡、十二指肠溃疡和食道癌等消化系统疾病。猴头菇新鲜时呈白色，干制后呈褐色或金黄色。其品质以形体完整无缺、茸毛齐全、体大、色泽金黄、无杂质者为好。干猴头菇要经过洗涤、涨发、漂洗和烹制四个阶段，直至软烂如豆腐时营养成分才完全析出。其养分虽多，但本身无味，需靠各种汤羹提味。

金针菇

猴头菇

（9）金针菇

又名毛柄金钱菌、金菇等，因菌柄细长形似金针而得名，还有一种色泽白嫩的，叫银针菇。金针菇不仅味道鲜美，而且营养丰富，是拌凉菜和火锅食品的原料之一。因富含赖氨酸和锌，有促进儿童智力发育和健脑的作用，国外称之为"益智菇"。经常食用不仅可以预防肝脏病及胃、肠道溃疡，而且也适合高血压患者、肥胖者和中老年人食用。购买鲜品时，应挑选色泽鲜亮，菌盖半球形未开伞，柄长15厘米左右，持有一定水分，无斑点、无褶皱、无异味的。新鲜的金针菇含有秋水仙碱，大量食用会中毒。宜先用冷水浸泡1～2小时，烹调时煮熟煮透才能放心食用。金针菇性寒，脾胃虚寒者不宜多吃。

3. 农业生物多样性

庆元主推的农作物（包括牧草）栽培品种有217个。粮食作物有水稻（5个品种）、豆类；油料作物有油菜；经济作物有食用菌、高山蔬菜、中草药、竹林、茶叶、吊瓜等，其中食用菌的品种主要有香菇、黑木耳、杏鲍菇、秀珍菇、滑菇，高山蔬菜种植品种有高山松山菜、茭白、萝卜、四季豆、小尖椒、毛芋等，中草药有百合、白术、地兰花、菊芋、铁皮石斛、香根芹、俱梗、金银花、急性子、米仁、西红花、射干、厚朴、杜仲、绣球花、吴茱萸等；蔬菜作物（不含高山蔬菜）有春萝卜（3个品种）、夏萝卜、小白菜（4个品种）、大白菜（5个品种）、菜苔、甘蓝（3个品种）、松花菜、青花菜、莴苣（3个品种）、芹菜、菠菜、空心菜、豇豆、四季豆、菜用毛豆、甜豌豆、瓠瓜（3个品种）、丝瓜、南瓜、西葫芦、早熟茄子（3个品种）、番茄、辣椒、甜椒（3个品种）等；果类有庆元甜橙柚、庆元锥栗、西瓜（3个品种）。同时，当地还有多种畜禽养殖品种，包括猪、牛、羊、兔、鸡、鸭、鹅等。

庆元县农业生物多样性（主推品种）

类　别		品　种
水稻	杂交晚籼稻	甬优9号、甬优15号、中浙优1号、中浙优8号
豆类	春大豆	台湾75、引豆9701
油菜		沪油15
番薯	马铃薯	东农303
食用菌	香菇	庆科20、L808、9015（系列）（用于花菇或普通菇生产）
	香菇	L808、868、申10（用于普通菇生产）
	香菇	武香1号、931、9319（用于夏菇生产）
	黑木耳	新科、916（用于代料或椴木生产）
	杏鲍菇	兴科11号（用于工厂化生产）
	秀珍菇	农秀1号（设施化栽培）
	滑菇	吉滑1号（设施化栽培）
蔬菜	春萝卜	白玉春、春将军、韩国白玉春
	夏萝卜	短叶13
	小白菜	油冬儿、上海青、四月慢、五月慢
	大白菜	早熟五号、菊锦、夏阳、黄芽14、春大将
	菜苔	四九菜心、广东19
	甘蓝	春丰、牛心、强力50
	松花菜	庆农65、庆农85、日本雪山

续表

类　别		品　种
蔬菜	青花菜	春秋4号
	莴苣	二白皮、种都5号、挂丝红
	芹菜	四季西芹
	菠菜	全能菠菜
	空心菜	四季柳叶空心菜、竹叶空心菜
	豇豆	之豇108、早生王
	四季豆	浙芸3号、红花菜豆
	菜用毛豆	浙鲜豆3号
	甜豌豆	浙豌1号、奇珍76
	瓠瓜	浙蒲2号、杭州长瓜、温州圆蒲
蔬菜	丝瓜	中长丝瓜、八棱瓜
	南瓜	锦栗、板栗
	西葫芦	早青一代
	西瓜	浙蜜3号、浙蜜5号、早佳8424
	早熟茄子	杭茄1号、杭丰1号、引茄1号
	番茄	合作903、浙粉208
	辣椒	杭椒1号
	甜椒	中椒4号、中椒7号、湘研17
	茭白	美人茭、金茭1号
	百合	川百合
茶	茶叶	龙井43、龙井长叶、白茶（白叶1号）、金观音、迎霜、乌牛早（嘉若1号）
水果	柑橘	大分、上野特早熟温州蜜柑、宫川早熟温州蜜柑、甜桔袖
	桃	早红宝石（油桃）
	草莓	丰香、红颊
	杨梅	东魁
	梨	翠冠、云和雪梨
	枇杷	太平白枇杷、大果型太平白枇杷
	葡萄	欧亚种：红地球（提子）；欧美种：巨峰

生物多样性的概念与价值

根据《生物多样性公约》的定义，生物多样性是指"所有来源的活的生物体中的变异性，这些来源包括陆地、海洋和其他水生生态系统及其所构成的生态综合体；这包括物种内、物种之间和生态系统的多样性"。

生物多样性是生物及其与环境形成的生态复合体以及与此相关的各种生态过程的总和，由遗传（基因）多样性、物种多样性和生态系统多样性3个层次组成。遗传（基因）多样性是指生物体内决定性状的遗传因子及其组合的多样性。物种多样性是生物多样性在物种上的表现形式，也是生物多样性的关键，它既体现了生物之间及环境之间的复杂关系，又体现了生物资源的丰富性。生态系统多样性是指生物圈内生境、生物群落和生态过程的多样性。

生物多样性是地球生命的基础。其重要的社会经济伦理和文化价值无时不在宗教、艺术、文学、兴趣爱好以及社会各界对生物多样性保护的理解与支持等方面反映出来。它在维持气候、保护水源、土壤和维护正常的生态学过程对整个人类做出的贡献更加巨大。生物多样性的意义主要体现在它的价值。对于人类来说，生物多样性具有直接使用价值、间接使用价值和潜在使用价值。

（1）直接价值：生物为人类提供了食物、纤维、建筑和家具材料及其他生活、生产原料。

（2）间接使用价值：生物多样性具有重要的生态功能。在生态系统中，野生生物之间具有相互依存和相互制约的关系，它们共同维系着生态系统的结构和功能。提供了人类生存的基本条件（如食物、水和空气），保护人类免受自然灾害和疾病之苦（如调节气候、洪水和病虫害）。野生生物一旦减少了，生态系统的稳定性就要遭到破坏，人类的生存环境也就要受到影响。

（3）潜在使用价值：野生生物种类繁多，人类对它们已经做过比较充分研究的只是极少数，大量野生生物的使用价值目前还不清楚。但是可以肯定，这些野生生物具有巨大的潜在使用价值。一种野生生物一旦从地球上消失就无法再生，它的各种潜在使用价值也就不复存在了。因此，对于目前尚不清楚其潜在使用价值的野生生物，同样应当珍惜和保护。

4. 相关生物多样性

庆元县森林覆盖面积大，生态环境多样，动植物资源十分丰富。境内有种子植物173科828属2 005种，其中被子植物164科796属1 942种，裸子植物3科32属63种，蕨类植物36科81属231种，苔藓植物62科149属326种。野生动物仅昆虫就有22目255科1 363属2 203种；脊椎动物250余种，其中哺乳类8目23科57种，鸟类13目34科132种；爬行类3目9科49种，两栖类2目7科34种；鱼类5目13科44属60种。列入《中国植物红皮书》的珍稀植物有：百山祖冷杉、南方红豆杉、中华水韭、伯乐树、金钱松、福建柏、长叶榧等；珍稀动物有云豹、白鹤、黑麂、金雕、黄腹角雉、鼋、短尾猴、猕猴、穿山甲、黑熊、金猫、大灵猫、大鲵（娃娃鱼）等。

庆元县的国家重点保护植物名录

保护级别	种类
Ⅰ级保护	百山祖冷杉（*Abies beshanzuensis*）、南方红豆杉（*Taxus chinensis var. mairei*）、中华水韭（*Isoetes sinensis*）、伯乐树（*Bretschneidera sinensis*）
Ⅱ级保护	金钱松（*Pseudolarix kaempferi*）、华东黄杉（*Pseudotsuga gaussenii*）、福建柏（*Fokienia hodginsii*）、樟树（*Cinnamomum camphora*）、榧树（*Torreya grandis*）、长叶榧（*T. jackii*）、闽楠（*Phoebe bournei*）、浙江楠（*P. chekiangensis*）、鹅掌楸（*Liriodendron chinese*）、厚朴（*Magnolia officinalis*）、凹叶厚朴（*M. officinalis.ssp.biloba*）、山豆根（*Euchresta japonica*）、莲（*Nelumbo nucifera*）、金荞麦（*Fagopyrum dibotrys*）、野菱（*Trapa incisa*）、花榈木（*Ormosia henryi*）、红豆树（*O. hosiei*）、野大豆（*Glycine soja*）、蛛网萼（*Platycrater arguta*）、毛红椿（*Toona ciliata var.pubescens*）、香果树（*Emmemopterys henryi*）、长序榆（*Ulmus elongate*）、榉树（*Zelkova schneideriana*）

百山祖冷杉

百山祖冷杉（学名：*Abies beshanzuensis*）是松科冷杉属的一个树种，为中国的特有植物，只在浙江省庆元县百山祖发现，生长于海拔1 700米的地区，常生于山坡林中。百山祖冷杉是中国特有的古老孑遗植物，国家1级重点保护野生植物，被认为第四纪冰川期冷杉从高纬度的北方向南方迁移的结果，对研究植物区系演变和气候变迁等具有重要科学价值。由于当地群众有烧垦的习惯，自然植被多被烧毁，分布范围狭窄，加以本种开花结实的周期长，天然更新能力弱，1987年被列为世界最濒危的12种植物之一。

目前，在百山祖国家级自然保护区内，80多株百山祖冷杉种子实生苗正茁壮成长。这是继1992年后，时隔20年又一次成功繁育的原生树种子幼苗。百山祖冷杉的再次成功育苗对于保护拯救濒临灭绝的这一物种具有深远意义。

世界最濒危的植物之一——百山祖冷杉

庆元县的国家重点保护动物名录

保护级别	种　类
I级保护	华南虎（*Panthera tigris*）、黑麂（*Mintiacus crinifrons*）、云豹（*Neofelis nebulosa*）、豹（*Panthera pardus*）、白颈长尾雉（*Syrmaticus ellioti*）、黄腹角雉（*Tragopan caboti*）、金雕（*Aquila chrysaetos*）、中华秋沙鸭（*Mergus squamatus*）、东方白鹳（*Ciconia boyciana*）、白鹤（*Grus leucogeranus*）、鼋（*Pelochelys bibroni*）

续表

保护级别	种　　类
Ⅱ级保护	猕猴（*Macaca mulatta mulatta*）、短尾猴（*M. thibetana*）、穿山甲（*Manis pentadactyla aurita*）、豺（*Cuon alpinus lepturus*）、黑熊（*Selenarctos thibetanus formosanus*）、青鼬（*Martes flavigula*）、水獭（*Lutra lutra chinensis*）、大灵猫（*Viverra zibetha ashtoni*）、小灵猫（*Viverricula indica pallida*）、金猫（*Felis temmincki dominicanorum*）、原猫（*F. temmincki*）、鬣羚（*Capricornis sumatraensis argyrochaetes*）、斑羚（*Naemorhedus goral arnouxianus*）、河鹿（*Hydropotes inermis*）、黑麂（*Muntiancus crinifrons*）、鸳鸯（*Aix galericulata*）、小天鹅（*Cygnus columbianus*）、鸢（*Milvus korschun lineatus*）、苍鹰（*Accipiter gentilis schvedowi*）、赤腹鹰（*A. soloensis*）、雀鹰（*A. nisus nisosimilis*）、松雀鹰（*A.virgatus gularis*）、大𫛭（*Buteo hemilasius*）、普通𫛭（*B. buteo*）、毛脚𫛭（*B. lagopus menzbieri*）、灰脸𫛭鹰（*Butastur indicus*）、鹰雕（*Spizaetus nipalensis fokiensis*）、乌雕（*Aquila clanga*）、林雕（*Ictinaetus malayensis*）、白腹隼雕（*Aquila fasciata fasciata*）、蛇雕（*Spilornis cheela ricketti*）、白腿小隼（*Microhierax melanoleucos*）、游隼（*Falco peregrinus*）、燕隼（*F. subbuteo streichi*）、灰背隼（*F. columbarius insignis*）、红脚隼（*F. vespertinus amurensis*）、红隼（*F. tinnunculus*）、凤头鹃隼（*Aviceda leuphotes syama*）、草鸮（*Tyto capensis chinensis*）、红角鸮（*Otus scops stictonotus*）、领角鸮（*O. bakkamoena erythrocampe*）、雕鸮（*Bubo bubo kiautschensis*）、领鸺鹠（*Glaucidium brodiei brodiei*）、斑头鸺鹠（*G. cuculoides whiteleyi*）、鹰鸮（*Ninox scutulata burmanica*）、褐林鸮（*Strix leptogrammica ticehursti*）、长耳鸮（*Asio otus otus*）、短耳鸮（*A. flammeus flammeus*）、小杓鹬（*Numenius minutus minutus*）、白鹇（*Lophura nycthemera fokiensis*）、勺鸡（*Pucrasia macrolopha darwini*）、蓝翅八色鸫（*Pitta brachyura nympha*）、花鳗鲡（*Anguilla marmorata*）、大鲵（*Andrias davidianus*）、虎纹蛙（*Rana rugulosa*）、拉步甲（*Carabus lafossei coelestis*）、阳彩臂金龟（*Cheirotonus jansoni*）

百山祖到底有没有华南虎?

　　华南虎（*Panthera tigris amoyensis* Hil-zheimer）是我国特产的世界珍稀濒危动物。据文献报道，野生华南虎种群的现存估计数量为20～30只，分布于福建、湖南、广东和江西4省。由于华南虎野外数量稀少，且白天多潜伏休息，黄昏捕食猎物，所以近20年来，除了在其分布区内发现了一些脚印等踪迹外，未曾获得过有关野生华南虎在某一地区分布的直接证据。

华南虎

历史上，浙江省的宁波、杭州、丽水、衢州和开化等地均有华南虎分布，但由于浙江省凤阳山—百山祖国家级自然保护区范围内，多年来未曾发现过任何有关华南虎的踪迹，而全省范围内自1983年以后也未曾发现过华南虎的踪迹。因此，国内外一致认为华南虎在浙江省已经绝迹。然而，自1998年10月以来，研究人员在浙江省庆元县境内的凤阳山—百山祖国家级自然保护区，已先后多次发现了"虎脚印"和"虎粪便"等"华南虎"的踪迹。但是，这些发现的踪迹虽然经过传统的形态学研究方法分析后，认为可能是华南虎的踪迹，却仍然难以排除这些踪迹是豹，或者是云豹等其他动物所留下的。

浙江大学等单位经过近两年的时间，成功地研制出了鉴别华南虎的特异性基因探针pta1，和鹿科动物的特异性基因探针pta2，解决了"浙江省华南虎踪迹的基因鉴定"问题，并在国内外首次利用粪便材料，获得了野生华南虎在某一地区有分布的直接证据，从基因水平上，证明了浙江省凤阳山—百山祖国家级自然保护区，目前仍然生活着我国特产的濒临灭绝的国家一级保护动物华南虎。为我国政府有关部门和世界野生动物保护组织，进一步弄清华南虎在我国的分布、种群现状，以及制订华南虎的野外就地保护和人工饲养迁地保护的保护策略，实施物种的保护计划，评估保护区的质量及其保护成效，提供了科学依据。

（三）
重要的生态服务功能

1. 净化空气、美化环境

中国环境监测总站2004年进行的"中国生态环境质量评价研究"，主要依据生物丰度、森林覆盖率、水网密度、土地退化和污染负荷5个指标计算出生态环境质量综合指数，在全国2 348个县（市、市辖区）评价单位中，庆元县生态环境质量综合指数名列第一，成为"中国生态环境第一县"。这一殊荣的取得与庆元县森林生态系统服务功能的充分发挥有着密不可分的关系。

森林是香菇生产系统的环境背景和核心要素之一，具有固碳释氧和调节气候的重要作用。森林通过光合作用吸收CO_2，将大气中的碳固定下来，同时生产有机质和释放O_2，这也是地球系统大气平衡的重要机制；森林树冠的遮阳作用、森林生长的蒸腾作用，对区域的温度、湿度、蒸发、蒸腾及雨量可起调节作用。此外，还有滞尘、吸收废气的作用。由于庆元森林覆盖率高，森林生态系统服务功能发挥得好，庆元县的气候非常宜人，"冬无严寒、夏无酷暑"，极端气候现象出现较少，适宜居住和进行第一产业的生产。

更为明显的是，庆元县森林在提高空气中的负氧离子方面发挥了重要作用。丽水市2008年9月公布了部分负氧离子监测点的数据，全市最高的监测点就在庆元县巾子峰，其平均参考值为每立方厘米76 490个，比最低的1 116个高出68.54

百山祖景区负离子监测

倍，比第二名的71 200个也高出了5 290个。监测结果充分证明了庆元县森林在净化空气方面的巨大作用。

庆元——打造最佳避暑胜地

生态，是庆元最大且独有的优势。这里凉爽的气候、清新的空气，已成为庆元发展休闲养生旅游的最大卖点，更是今后贯穿旅游产业发展的主线。

近年来，庆元也逐步形成了多个功能齐全的风景旅游区：百山祖国家4A级旅游景区、巾子峰国家级森林公园、举水乡月山村……这些地方无一不让人流连，再融合独具特色的人文、民俗、美食等文化，一条精美的避暑休闲养生旅游度假"项链"正在逐步成形。

或许这些努力和转变可以体现在数据上：旅游综合收入从2002年仅有的482万元，上升至2013年的5.33亿元。而一个个"破土而出"的荣誉：全国最美旅游生态示范县、中国最佳生态文化休闲旅游目的地……也成了庆元生态旅游风生水起的最佳证明。

"让生活慢下来，让心灵静下来。"庆元县委主要负责人说，今后一个时期，庆元就是要以建设中国避暑胜地为抓手，依托"山高、水清、气爽、城美、村悠"休闲养生旅游资源，不断加强避暑养生硬件建设。

重点围绕中国避暑胜地建设，形成养生产品、养生保健服务、养生观光旅游、养生医疗保健等系列品牌产品，打造从养生文化到养生产品一条龙式的特色品牌产品，形成富有特色、贯通产业链、规模化、体验式的养生旅游产业集群。

——着力把百山祖建设成为"避暑名山"。百山祖平均气温只有22℃左右，负氧离子最大值高达20.04万个/立方厘米。自景区开园以来，夏季更是出现"一床难求""一餐难求"的爆棚景象。

——打响"风情庆元·古道徒步"品牌。通过加快庆元徒步城规划和建设，依山形水势建造曲径通幽的休闲养生徒步长廊，打造又一条避暑养生精品线路。

——创建"中国食用菌美食名城"。作为中国香菇第一城，近年来，庆元大力开发独具菇乡特色的名宴、名菜、名点、名小吃，吸引更多游客体验"舌尖上的香菇城"。

2. 保持水土、防灾减灾

庆元县地质环境复杂，山地型地质灾害多发，是全省地质灾害最严重、受威胁人口最多的地区之一。庆元菇民在利用传统剁花法技术栽培香菇时，采用控制森林郁闭度、保留林下杂草和树枝等措施，创造香菇生长所需的环境，这些措施有利于减少降水对森林生态系统的冲刷作用，增强林分的降雨截留作用；同时，剩余物不搬出菇山，可增加土壤腐殖质，有利于土壤保持和水源涵养。森林发挥了很强的水土保持功能，尤其是江河源头、地质灾害易发地区的森林为庆元防灾减灾工作做出了重要贡献。

3. 保护物种、维持平衡

庆元县位于我国17个具有全球意义的生物多样性关键地区之一——浙、闽、赣交界山地之中，是《中国生物多样性保护行动计划》实施的重点区域之一，生态系统类型较丰富，具明显的垂直带谱和自然演替系列。

庆元县森林在保护物种方面作用明显。菇林和谐共处的香菇生产系统是遗传资源保护与生物多样性保护的最佳场所，据调查，区内有裸子植物2 005种，被子植物1 942种，蕨类植物236种，苔藓植物326种，大型真菌资源达423种；主要农作物品种（包括牧草）217种；主要畜禽品种39种。

养分循环是香菇生态系统中各生物得以生存和发展的基础，菇民利用传统剁花法栽培香菇时，通过遮阴等措施维持菇场湿度在70%～90%，增加了有机质的腐烂速率，有利于树木生长，加速了生物地球化学循环。

我国17个生物多样性关键地区将得到优先保护

我国是全球生物多样性最丰富的国家之一，同时也是生物多样性遭受威胁最严重的国家之一。为保护珍贵的生物资源，我国将不断加大生物多样性保护力度，并采取特殊措施对17个生物多样性关键地区进行优先保护。

我国将优先保护的17个生物多样性关键地区分别是：横断山南

段；岷山—横断山北段；新疆、青海、西藏交界高原山地；滇南西双版纳地区；湘、黔、川、鄂边境山地；海南岛中南部山地；桂西南石灰岩地区；浙、闽、赣交界山地；秦岭山地；伊犁西段天山山地；长白山地；沿海滩涂湿地，包括辽河口海域、黄河三角洲滨海地区、盐城沿海、上海崇明岛东滩；东北松嫩—三江平原；长江下游湖区；闽江口外—南澳岛海区；渤海海峡及海区；舟山南麂岛海区。

据国家环保总局生态司负责人介绍，针对生物多样性关键地区的保护措施包括：建立自然保护区；事先对建设项目进行生物多样性和环境影响评估制度，禁止建设污染项目；加强对这些地区生物多样性的科学研究和监测评估；有选择地建设一批不同类型的国家级生物多样性保护示范基地。

这位负责人表示，17个生物多样性关键地区尚未建立自然保护区的，应采取抢救性措施尽快建立；已建立自然保护区的，则应强化监督管理，并在必要时提高管理级别，晋升为国家级自然保护区，由国家直接管理。

4. 休闲旅游、科普科研

世界范围内的旅游观念正发生着重大变革，人们开始追求一种回归自然、自我参与式的旅游活动，渴望与大自然融为一体，体验"天人合一"的高雅享受。生态旅游因强调以自然生态环境为基础，注重生态环境保护，倍受旅游者青睐。庆元"中国生态环境第一县"的美名得到传扬，进而成为生态休闲旅游的重要目的地。同时庆元县还建设了百山祖林业观光园区、竹口镇黄坛观光园区两个林业观光园区，"森林观光"成为庆元旅游的精华，对游客最具吸引力的地方也是庆元"纯自然原始的山水景观"。

由于庆元县森林有着独特的地理环境、良好的林相保护、丰富的物种资源，吸引了大量专家学者到庆元进行林业科学研究，很多大专院校把庆元作为林业专业学生的教育实习基地，本地的一些学校也经常组织学生到各林区开展教学活动。同时，给文艺创作尤其是摄影创作也提供了很好的创作基地。

李玉院士工作站签约

寻梦菇乡、养生庆元

　　曾几何时，坐落在浙江省最西南边陲的山城庆元山叠着山、林连着林的地域特点，导致区位弱势、交通不便，制约着经济发展。

　　现时今日，转变思想观念的庆元，已然把这山、这林视为巨大财富，遵循着"绿水青山就是金山银山"的绿色发展之路，转化生态环境优势为庆元加快发展的核心竞争优势，全力打造"寻梦菇乡、养生庆元"。

寻梦菇乡、养生庆元

　　作为中国生态环境第一县，生态环境是庆元最大的财富、优势、潜力和品牌。2013年9月，庆元县委十三届八次全会明确提出

"寻梦菇乡、养生庆元"战略定位，进一步明确了县域经济发展主攻方向。"打造'寻梦菇乡、养生庆元'是庆元将资源优势转变为经济优势，促进全县经济转型发展的不二选择。"随着雾霾、高温在大城市轮番出现，中国生态环境第一县的"寻梦菇乡、养生庆元"，不仅蕴含了庆元生态、香菇、廊桥等基本元素，还以"寻梦"和"养生"的标识展现让人魂牵梦萦的原生态净土和宜居、宜业、宜游、宜养的人居环境，顺应天时、地利、人和的区域品牌和战略定位。

选择如此坚定，首先缘于它立足于庆元的生态优势，通过以生态休闲养生旅游理念统筹推进一、二、三产业协调发展，实现在发展中保护、在保护中发展和经济、社会、生态效益的最大化。其次，它符合转变发展方式的要求。以生态休闲养生旅游产业为发展方向，走生态、绿色、低碳发展之路，是推动庆元转型发展、实现生态优势向经济优势转化的迫切需要。第三，顺应未来发展趋势。在追求生态、休闲养生日益成为生活常态的今天，它是顺应发展趋势、整合放大资源优势的最佳选择。

打造"寻梦菇乡、养生庆元"是一场历史性的长远伟大实践。为此，庆元县结合现有的基础和下一步工作的核心、关键着力点，提出实施生态优势领先、休闲产业提速、城乡面貌秀美、菇乡文化传承、产业转型跨越、基础设施改观、市民素质培育"七大工程"。届时的庆元，除了是游客眼中的净土外，更将是庆元人民幸福生活的福地。

四 中国香菇城——源远流长的香菇文化

浙江庆元香菇文化系统

一方水土养育一方人，一方水土孕育一方文化。在800多年的香菇发展进程中，庆元菇民们奔波于深山老林，历经各种磨难，用自己的辛苦为世人奉上了美味珍馐的香菇，同时也以自己的勤劳智慧孕育、造就了多彩的香菇文化，如菇民生产和生活习俗、菇民戏、菇神庙会、香菇功夫、香菇山歌、香菇谚语、菇山话等。这些香菇文化，是一代又一代菇乡百姓流传至今的一笔宝贵的精神财富，也是中华民族优秀传统文化中的瑰宝。随着时代的进步，沉淀着数百年历史的香菇文化其外延和内涵还在不断丰富，并散发着浓浓的菇香。

（一）
传统知识与技术

1. 丰富的史料记载

中华蕈文化早在西周的《诗经》中就有记载，而且可以追溯到甲骨文中的"寻"字。战国时期人们就知道蕈菌的美味，（《吕氏春秋》）葛洪在《抱朴子》中还说到"五木种芝与自然菌无异，俱令人长生"。西晋张华则在《博物志》中记载了蕈菌简单的栽培方法和食用效果："江南、诸山中，大树砍倒者，经春夏先菌，谓之椹。食之有味，而每毒杀人。"元代大农学家王祯1300—1304年出任信州永丰（今江西广丰）县令时，在其编著的《农书·菌子》篇（1313年刊印）中详述了香菇栽培方法。明代陆容（1436—1494年）在任浙江右参政期间（1470年前后），写了《菽园杂记》，其中关于香菇栽培的185个字引用了明正统（1436—1449年）修纂的《龙泉县志》，较王祯《农书》迟100多年。

相关史料还有1558年《龙岩县志》："有香蕈，番人斩楠木山径之间，雨雪滋冻则生，俗称香菰。"1608
年《仙居县志》："香椹，用稠树、栗
树，先一年砍伐，以斧遍击之，次年
雷动则出，味甚美。"康熙《光泽县
志》："有浙客人乌君山业香菰，结篷
以居，冬来夏去，习以为常。"1751
年《古田县志》：香菰，系他郡人来
租山伐木造出者。1801年《庆元县
志》中写道："居乡者，以制蕈为

菇民研究

业，老者在家，壮者居外，川、陕、云、贵无所不历。"1872年《景宁县
志》："乡民货香蕈者，旧时皆于江右、闽、粤，今则远在川、陕、楚、襄
之间……"1877年《庆元县志》："大抵庆邑之民，多仰食于蕈山；居乡者
以制蕈为生，老者在家，壮者在外，川、陕、云、贵、无所不历跋涉之
苦。"陈国钧1946年任庆元县长后，深入菇乡、深入菇民调查研究，写出
了9 300余字的《菇民研究》。剁花法从发明应用于生产，至今已有800多年
的历史，作为一项栽培技术，剁花法的延续时间之长，覆盖面之广，史料
之丰富，在世界农业科学史上也是罕见的。

2. 朴素的农耕思想

剁花法是对森林资源的合理利用，对林相、树种、郁闭度及小气候有
严格的选择，对砍伐菇木的数量也有严格的限制，并且是异龄择伐，不怕
弯曲空心；砍伐期及砍伐作业有严格规则，砍伐期与休眠期吻合，有利于
萌芽更新，剩余物不搬出菇山，增加腐殖质，有
利于幼树生长。

菇民在利用传统剁花法技术栽培香菇时，
采用控制森林郁闭度、保留林下杂草和树枝等
措施，创造香菇生长所需的环境，这些措施有
利于减少降水对森林生态系统的冲刷作用，增
强林分的降雨截留作用；同时，剩余物不搬出
菇山，可增加土壤腐殖质，有利于土壤保持和
水源涵养。

利用剁花法栽培香菇，考虑到出菇数量和
质量，菇民每年在5～6月进行一次菇林内光照

吴三公栽培香菇（场景再现）

梳理，对树林荫蔽大的地方砍去部分树木或去除树枝，增加透光度、通气度，在阳光强烈的地方进行护树遮荫，扩大阔叶树群体，使林内做到"三阳七阴"和清除林地中不利香菇生长的茅草、杂草等。

　　自然生长的常绿阔叶林，因其生物多样性而具有固土、蓄水、抗灾的功能，是任何"人造生态林"难以替代的。传统剁花法通过异龄择伐，严格限制菇木采伐数量等措施保护自然植被，充分发挥森林生态系统的水土保持、涵养水源等生态服务功能，形成"菇—林—人"和谐共生的良好局面。

3. 相关乡规民约

　　菇民到外乡菇寮种菇，历来留下一个菇山"三个不准"的规矩，即：一不准用毒药；二不准用枪打；三不准乱杀生。菇寮里只有斗狼的家犬，却找不到鸟枪，菇民手头更无任何砒霜之类毒药带上山。忌讳此类杀人器物的原因：一是怕误杀当地山民，引发官司；二是远离家乡，在深山谋生，人烟稀少，内部如有纠纷，容易引发谋财害命事件，对于鸟兽类，菇民也不轻易杀戮，所以在"登缚放索"之中，又分杀与捕、伤与赶诸种。属杀者首推山老鼠，其次为野猪、山鸡、松鼠；或杀或捕者有山羊、熊、老虎；或伤或赶而放走者有白鹇、猴子；决不伤害者有山魈、猫头鹰、乌鸦等。

（二）
形式多样的香菇文化

1. 菇民戏

　　菇民戏发源于古称二都的庆元东部菇民区，因此也称二都戏。菇民戏约产生于明代中期，经过长期发展，形成了以庆元土话为基本语言，地方特色显著，集歌、舞、剧为一体的多声腔板腔体喜剧。菇民戏作为地方剧种之一，在菇民居住区和香菇产地有广泛影响。2007年公布为浙江省非物质文化遗产名录。

菇民戏最早只是一些山歌式的地方小调，只限于迎神庙会中的"求神保佑"祷告式的演唱。随着时代的发展，庆元菇民在全国各地做菇时通过吸收外地剧种曲牌和一些民间曲调，不断演变成今天以簧曲调为主的多声腔板腔体唱腔，使菇民戏无论在剧本内容、演出形式还是曲调唱腔等方面，都有很大的进步，自成一体，具有强烈的乡土气息。后在"田公师傅"的帮助下，菇民戏得到了更大的提高和改进，以至于后来的各个菇民戏戏班都供奉田公为师傅，这也是菇民戏区别于其他剧种的主要原因（别的剧种所供奉的是梨园鼻祖唐明皇）。

菇民戏是庆元乡土文化史上一笔重要的财富。几百年来，菇民戏伴随着菇乡百姓走过了一个又一个春秋。它的产生使一代又一代的菇乡人在劳动之余能够欣赏到自己创造的乡土艺术，它是菇乡百姓文化娱乐的一种重要形式，丰富了菇乡民众的业余文化生活。同时，伴随着菇民到全国各地种菇，菇民戏也被菇民传播到全国各地，并与地方的本土艺术融会贯通、交相辉映。

菇民戏

戏台是专门为戏曲演出而建造的舞台。一个地方戏曲文化的繁荣是当地戏台得以大量兴建与发展的关键。庆元民众自古爱好戏曲，这里是菇民戏的发祥地和主要演出地，在这样的大环境下便催生了大量古戏台。庆元古戏台主要以三种形式存在：一是专门性戏台，乃独立而固定的建筑，但此种戏台极为罕见；二是附属性戏台，即附属于庙宇、祠堂等主体建筑而存在，此种较为常见；三是临时性戏台，多见于规模不大的小村落。专门性与附属性戏台又有"固定式""活动式"两种形制。固定式的戏台，其台板常年固定使用。活动式戏台的台板可灵活拆卸，以方便举行重大活动时参与人员的进出，如西洋殿戏台。

西洋殿位于五大堡乡西洋村松源溪畔，始建于宋咸淳元年（1265年），清光绪元年（1875年）重建。该殿系为祭拜香菇栽培技术的发明人吴三公而修建。西洋殿依山傍水，坐北朝南，建筑平面呈纵长方形，进深32米，面阔19.4米，占地在952.35平方米。该殿为四合寺观式建筑，中轴线自南而北依次有照墙、山门、前厅、戏台、中台、正殿等，在正殿前分列左右厢房，厢房中心间为钟鼓楼，与正殿相对是倒座。正殿中底置吴三公像。殿外东侧有一古井，为"运木古井"，相传建庙用的木材以是从井里涌出，传说颇似杭州净慈寺的"运木古井"。

西洋殿

西洋殿古戏台

西洋殿传说

吴三公到仙界学了制菇术，又把它传给了庆元、龙泉、景宁三县百姓。三公死后，菇民们便商量起建殿祭祖师的事来，先是请阴阳先生来踏地，踏来踏去，最终踏在了西洋村尾水口。

阴阳先生还留下话，说是大殿要用300株无尾巴的杉树。这可把管事的难住了，派人四出打听，走了许多州县，看过几百个山头，就是找不到300株无尾的杉树。有一回，一个过路乞丐说："福建浦城的一座山上刚刮过龙风。那树顶全被龙风剪了。"菇民们找到了那片山，用银两买了下来，在那里砍树。砍呀、砍呀，足足砍了一个多月，那树一根根谷桶般粗，透天般长，整个山弯都堆满了。可路这么远，这树如何发到西洋去？菇民们谁也想不出个好办法。

这天，菇民们正在山寮里发呆，忽然看见一个老翁担了一担饭送上山来，那老翁走到木堆前便不见了。菇民们过去一看，一头米饭一头菜放在木堆上，还见木堆旁陷下了一个大洞，黑洞洞地深不可测。菇民们已几天吃不到好饭菜，解开老翁的饭担便大吃起来。不一会儿，饭吃完了，回头看那木堆已无影无踪。原来，木头早就通过地道，发回西洋了。那老翁正是吴三公的化身，现在，西洋殿外的水井中还剩下一段呢，那口井便是当年吴三公发木头时留下的。

木头发到了，菇民们请了当地最好的木匠和石匠来造殿，可西洋这地方四周没村，买不到好菜，工匠们吃得很苦。有一日，一个乞丐赖在工棚里不肯走，管事的见眼前人手不够，便将他留下帮忙做饭，说也奇怪，那乞丐天天抓些刨花放在锅内三捣两捣便变成一满锅的猪肉，在清水里撒上几把锯末，三捣两捣又是一锅虾皮汤。从此，工匠们每天吃上了好饭。一座大殿很快便完工了。

大殿造好后，塑佛老司在殿内塑了吴三公的神像，据说，当年"五显神"曾赐了一只黑虎给吴三公巡山管香菇，因此，吴三公的神像也骑在黑虎的背上。手中还握着一条赶虎的钢鞭呢。

吴三公像

2. 菇神庙会

每年农历七月十六至十九举办的菇神庙会，是外出种菇的庆元、龙泉和景宁三县菇民回乡过节还愿的重大祭祀节日。该庙会2007年公布为浙江省非物质文化遗产名录。由于菇民世代在深山谋生作业，不少菇农自七八岁开始随着长辈远涉异乡，秋去春回，在菇山生活，每年如此。求取春归的候鸟式生活导致菇民基本没有春节、元宵等节日。"到西洋殿吴三公案前进香后，可以使做香菇者香菇茂盛，生意兴隆，人增百福，户纳千祥，四季平安。"菇民下山返村和外出做菇时必定要前往菇神庙拜神谢恩、还愿祭祀，一年一度举行的菇神庙会自然替代了男人不在家的春节和元宵节，成了菇民一年辛苦之后的狂欢节。清代，菇业有了较大的发展，菇民到菇神庙会进香日益兴盛，菇神庙会更胜于过年过节。

菇神庙会时间安排在每年插秧后、收割前的闲季和高山林区气候凉爽宜人的农历六七月。各地庙会都由"缘首"负责，建立相应的组织，收缴神庙所有的山林田地收入和各地菇民所捐钱物。庙会期间，成千上万的菇民云集西洋殿举行庙会，共同祀奉香菇鼻祖吴三公及诸神。同时，与会菇民借此机会共商大计，开展技术交流、演戏作乐、欢庆丰收、练拳习武、会亲访友等一些活动。

2013年香菇始祖吴三公祭祀大典

龙岩村香菇庙会

3. 香菇功夫

　　菇民是一个十分特殊的群体，他们以种菇为生，生存条件十分恶劣。菇民每年都要进入异地他乡的深山密林里种菇，来年再把烘干的香菇运出菇寮销往各地。在长期的生产劳作和特定的艰苦环境下，为了防身自卫，抵御异乡强徒和深山各种飞禽走兽的侵袭，很多菇民练就了一套独特的防身术。菇民防身术俗称香菇功夫，已载入丽水市非物质文化遗产名录。

　　菇民防身术有扁担功、板凳功（登花）、香菇拳多种套路，其中又以扁担功最具代表性。习武者使用一只扁担，三五人近身不得。为使行路途中遇强敌迅即反应自卫，所有菇民的扁担都选用硬木制成"光棍担"，即两端不用钉，路遇强敌，无钉扁担可以迅速从挑担状态转为棍棒使用，令对手措手不及。所以扁担既是菇民的劳动工具，同时也成了最实用的防身武器。

　　菇民防身术鼎盛时期当属于明末清初，当时在菇神庙会西洋殿每年举行的庙会上都有擂台比武竞技，有众多菇民中的英雄好汉参与擂台比武，甚至邻省非菇民亦慕名前来交流拳术。

菇民防身术的起源、发展与当地香菇生产环境与菇业保护方式均有很大关系。如今香菇生产环境与菇业保护方式均有了很大改善，但菇民防身术仍因具有其独特的健身作用和文化价值而被故乡民众所传承与弘扬。

香菇功夫

4. 菇民习俗

菇民习俗是一系列菇民生活、生产的风俗习惯，由信仰习俗、生产习俗、生活习俗等组成，产生于剁花法制菇发明的南宋时期，至今已沿袭数百年，具有悠久的历史和浓郁的地方特色，是庆元乡土文化和香菇文化的一个重要组成部分。

庆元、龙泉、景宁三县的10多万菇民散落在全国12个省200多个县，菇民在香菇生产阶段虽是个很分散的小群体，但他们在外乡从事香菇生产中遇到种种困难和险境，都能相互帮助共渡难关，这与菇民的风俗习惯有很大关系。菇民们都有着共同的习俗、共同的行业语言——菇山话，这些习俗、语言具有凝聚、整合、引导菇民群体行为和心理的功能，对于促进当时的香菇发展、栽培技术的保密和菇民之间的团结协作都具有十分重要的意义。

（1）鼓山神坛与菇民家庭香火榜

　　菇山神坛是菇民上山时在菇寮里供奉菇神的场所。此类菇神大多由一寮之主从家乡带出，其神位安置于菇棚中央，面向东方开门处。正中是敕封五显灵官大帝之神位。以此为正中，左右其他神位是：左一，西洋祖殿吴三公；右一，国师青田刘伯温（即刘基）；左二，本山福德土地正神；右二，南朝上殿七五大王；左三，左将千里眼师父；右三，左将顺风耳师爷；左四，年月招财童子；右四，时日进宝郎君。此类菇寮门口一般还有对联及横批。对联的内容基本是"闹天京英雄第一，震地府孝义无双"或"蓬在青山重重进，厂放香菇叠叠生"等，横批一般为"威震南天"。

　　菇寮神位之排列，反映了特定历史时期菇民的信仰心态。菇民世代远离家乡，在异地深山中生产生活，往往缺少战胜恶劣环境的有效手段，遇事更多地把希望寄托在神灵的保佑上。因此，他们在祭坛上，格外注重供奉自己所崇敬和笃信的神灵。其中五显灵官（五显大帝）是庆元乡村乃至浙南一带百姓供奉最为广泛的神道，而非菇民区所独有。菇民之所以敬奉他，原因是相传其统领诸路神道，传扬菇民生产技术，保佑菇民四季吉利、丰衣足食。五显灵官左侧第一位吴三公，与右侧第一位刘伯温平起平坐，则是菇民独有的信奉现象，由此可见菇民对吴三公虔诚信仰的心态。七五大王，相传是一种能降伏世间毒虫猛兽之神，菇民试图借其神威使自己及其香菇免受毒虫猛兽的侵害。再后是山神土地，菇民祈求其保佑香菇丰收、平安无事。至于千里眼、顺风耳等更是人人皆知的镇邪避饿、好为善事的神灵，他们都是菇民心中的保护神。

　　传统剁花法种菇的生产方式在当今的菇民种菇过程中已越来越少使用，但是菇民信奉菇神的习俗一直在菇民居住区的乡村沿袭。几乎每个菇民家庭的中庭都设有供奉菇神吴三公的神坛，案桌的正上方张贴着香火榜，神位的排序与菇山神坛类同，并在农历每月的十四、二十九进行祀奉活动。

菇民家庭香火榜

（2）菇民春节习俗之采银树

菇民们每年正月初一吃完早饭后，就各自到山中采银树。银树是种香菇用的树种，是菇民心目中的发财树，采树完毕后即一路燃放鞭炮，以示敬祀。

银树大小不限，为了防止树叶损坏，菇民会将其背回，到菇寮后把银树立在菇寮前，并将该银树用红纸糊绕树干一圈，摆放至元宵日，再将此树烧毁。该仪式寓意来年香菇丰收、财源滚滚，同时借此仪式增添节日的喜庆与热闹气氛。

（3）还戏祈福

菇民中有还戏的习俗。还戏也就是还愿，是菇民要出门去外地菇山前所做的一项祈福活动。该活动隔年一次，具体日子由阴阳先生择得。吉日到来，再请阴阳先生选时辰。待吉时一到，便将神庙内的菇神像或香炉抬到村中的祖屋，让菇神"观看"戏班的傀儡戏表演，祈求保佑来年菇民们有个好的收成。这天菇民自愿交钱、粮作为还戏的费用，并要做大量的米馒头分发给大家，以示安福、吉祥。

还戏的场面热闹非凡，日夜锣鼓喧天。

（4）上山习俗

隆冬十月空谷仓，做白麻糍离浙江，

钻入深山种蕈苦，春返故乡种田忙。

快打谷，快进山，多办柴火去菇山。

去菇山，有银担，明年三月转回乡。

半担银两买田山，半担银两买布衫。

若要良田千百畈，多做麻糍去菇山。

这些流传在菇乡的民谣，描绘的是庆元菇民进山制菇的情景以及对香菇丰收、衣食富足的美好愿望。其中"做白麻糍离浙江""多做麻糍去菇山"，都是说菇民为了节约开支、方便赶路，上山前家家户户舂糯谷、做麻糍，捏成碗口大小的块状，供路上食用。其数量按外出人数和路程远近而定，一般每人每天准备2~3块，途中三餐均以麻糍裹腹。吃法也很简单，早、晚在客栈里用水放盐再加点白菜煮着吃，中午则在路上拾柴烧火堆煨着吃。

菇民进山以后，选择生产中心点，取坐北南朝、用水方便、辟有通道、地形隐蔽之处，以竹木、茅草为材料，架搭成高不过3米、内宽约3米、长度约6米的一字形简易菇寮，内设锅灶、床铺、烘房等。每个菇棚一般住四五个人，多则十余人。菇民每年都要在这种简陋的寮棚里度过四五个月的艰苦生活，因此菇寮就成了菇民的第二个家。

（5）菇寮奉师傅习俗

人工栽培香菇鼻祖吴三公被菇民世代尊为菇神和师爷，凡农历每月十四和二十九这两天的吉日，菇民都会虔奉吴三公，举行请神等祭祀活动。该种仪式，菇民称之为奉师傅，或叫"过节""奉高登"。

每逢过节这天下午，寮主总会早点收工，回寮打扫卫生，烧饭煮肉，做好供奉的准备。仪式开始，先在寮内祭吴三公。一是用红纸写上"大吉大利"贴在香火桌上，并在桌子上左摆斧头右摆柴刀，撒一把米，猪肉用热水稍烫，然后摆在香火桌上奉请师傅，祈求师傅保佑当年有个

菇寮（龙岩村）

好收成。二是在寮门口摆些祭品，祭拜天神，以求天神的保佑。三是在寮角边离门口不远的地方，树立一个平板架，再在木板上摆一碗饭和几块肉，用来祭奉山里的游魂，保佑出得好菇。四是在寮外树下或岩石边地势低些的地方，用3块石头垒个平台，祭山魈，其祭品为一层饭一层肉，层层叠加，肉块自上而下逐渐宽大。传说山魈看到越往下吃肉块越大，就会更加卖力地帮菇民驱赶野兽。然后再在猪肉中间插入一支筷子，意为希望山魈能赶走山鼠、野猪等野兽，以保佑更好更多地产菇。

在奉神的时候场面严肃，互相之间不准说话，动作谨慎。仪式将要结束之际，寮主要先整衣、洗手、烧纸香，然后两手从插香的米斗内抓出两把米，一边把米向前后左右散撒，一边嘴里念着"上山做遭檑、育蕈、烧炭、出行、赶墟、收桌吃饭"等词，接着全寮菇民齐声相应"来了"，至此，奉师傅仪式结束，大家方可以开口说话，动手做事，或烧火，或切肉，借过节之机改善平常清淡的膳食。

（6）刹寮

刹寮是菇民在下山回乡前所做的最后一个仪式。先要带上几斤香菇及别的礼品去东家道谢，告知回乡起程日期，并嘱请对菇山多多关照。起程前日，寮主要向神位上的菇神像和东家山魈殿各烧上香烛纸，求师傅显灵，保佑回乡一路顺风；再请东家看好菇木，保护菇寮平安。等到第二天清早，众人在前面先走，留一个人在最后，等菇寮的灶火完全熄灭后，把锅碗等用具放好、埋土，再点香，一直往后退，离寮约四五米外，转身把香插下，然后一直往前走，不再回首。

（7）散光饼

每年清明前后，菇民就陆续准备回家。起身之前，菇民要到山场巡视一遍，遮盖好菇木，免得树皮被太阳暴晒、禽兽糟蹋，影响冬来产菇；把最后一批香菇挑到菇行卖掉，结清账目，顺便从集市上买些橘饼、荔枝之类，用以馈赠亲友；如手头尚宽裕，还会多买些布料。但不管丰收歉年，菇山饼（闽北特产"光饼"）都要买些带回家，否则对家乡的小孩无法交代，因为菇民都记得这样一首儿歌："菇山客，挣钱挣三百；菇山饼，给我啜，我若无饼啜，你被老婆煞。"所以盘缠再紧，也得花上这笔钱。到家进村时，菇民把菇山饼散发给村里的小孩，也借此告知乡亲自己已经回到家乡。

5. 香菇山歌

香菇山歌产生于香菇生产活动中，是香菇经济的文化载体，是该种经济民俗的组成部分。制菇技术的神秘性催生了各种民间信仰和民俗活动，制菇技术的保守性又促使菇民们把制菇技术编成山歌并使用菇寮白（蕈山话）来演唱，于是产生了大量社会民俗性民歌。

"劳者歌其事，饥者歌其食。"此话说明了歌唱缘起于劳作是息息相关的。香菇山歌伴随着香菇生产而产生，香菇种植的漫长历史，成就了香菇山歌的悠久性。香菇山歌生动形象地反映了菇民长达800年的香菇生产历史，述说了香菇发源地的先民们在深山老林中的劳作，及其独特种菇技术的发明和传承方法，种植香菇的一整套程序均可用山歌形式传唱下来。

香菇山歌

香菇山歌的传唱与菇民的种植生活相互依存，其传唱历史与香菇生产的种植历史紧紧熨帖在一起。香菇山歌作为一种民歌形式，向我们展现了一幅菇民斑斓多彩的生活与劳动画卷。

香菇山歌为数众多，内容丰富多彩，比较有代表性的，如：

①遮好檐，劈好山，收集行囊回家乡。

回家乡，插田秧，带回洋钱一两千。

一半洋钱买田山，一半洋钱买布衫。

若要明年更发财，多做麻糍去菇山。

②快打谷、快劈山，多办柴火去菇山。

去菇山，有银担，明年三月转回乡，

半担银两买田山，半担银两买布衫，

若要良田千百畈，多做馍糍去菇山。

③香菇儿、香菇儿，落雨落雪无好嘻，

山上石头当凳坐，林中鸟儿当鸡啼。

6. 香菇谚语

千百年来，菇山生活的艰辛，磨砺着一代代以菇为业的菇民。菇民们在无数次的南来北往、年复一年的劳作中，不断探索与总结种菇的各种经验与教训，留下了许许多多的菇山谚语。

①菇檐南北倒，檐身容易烂；菇檐东西倒，添得一年饭。（前者雨淋日晒，菇檐易霉烂；后者阴凉，菇檐寿命长，可延长产菇时间）

②砍花老鸦叮，做花还未精；砍花如水槽，香菇保勿牢；若砍戴帽花，力气白白花；砍得两边伏，不愁没香菇。

③山场阳，香菇花又重；山场阴，香菇薄又轻。山地光又实，香菇多又密；山地蓬松松，十檐九是空。

④一年开衣，二年当旺，三年二旺，四年零散散。（指菇檐从开衣起到第四年的出菇规律。开衣：揭开檐上的遮挡物。）

⑤雷雨惊檐空旋转，雨后惊檐够盘缠。（惊檐：用斧头、木槌敲击菇檐，催发香菇生产速度。本条意思是：惊檐要掌握正确的自然火候。）

⑥若要高山香菇多，米槠、红栲、檀香、乌枫来当家；若要低山香菇多，杜英、乌于、槠柴、锥栗来当家。（高山、低山是指高海拔和低

海拔。米楮、红栲、檀香、乌枫、杜英、锥栗、乌于、楮柴均为做香菇的树名。)

⑦年情落沙,香菇无渣;年情落灰,香菇成堆。(落沙,即浓雾,对出菇不利;落灰,即微雾、轻霜、露、雪天,对出菇有利。)

⑧压槁无一寸,晒槁有一半。(压槁,遮阴的枝叶太厚,对发菌不利;晒槁,即遮阴物不足,则菇木两侧近地部能出菇。)

⑨中间落土两头翘,来年更衣成干槁。(菇木须整根接触土,不能仅中间触土,否则次年更换遮阴物时菇木要干枯。)

⑩黄云层叠蕈无见,求师惊蕈莫怨天。(黄云,即后期黄色菌丝。常遇菌丝发育良好,到期却不出菇,菇民即以草鞋或木片在菇树两侧拍打,谓之惊蕈,效果甚佳。)

7. 菇山话

昔日,每当秋冬之交,庆元都有大批菇民外出种菇谋生,其足迹几乎遍及大江南北,而且一去就是半年之久。由于菇民外出种菇都是三五人合成一组(寮),实行小群体生产。身处异地他乡,常受地方恶劣势力的侵扰,再加上长期生活于深山幽谷之中,孤立无援,缺乏安全感,受迷信思想的支配,菇民们总把香菇生产的丰歉与生活上的安危寄托于祈求神灵的保佑,所以在语言上也刻意多了些忌讳。另一方面,由于种植香菇是穷困的菇民们最主要的谋生手段,为了不至于丢掉自己的饭碗,他们对于香菇生产技术从不轻易外泄。高深莫测的种菇技术令当地人羡慕不已,因此常有陌生人前来套近乎,企图"刺探情报"。在这样的境况之下,菇民们难免有"危机四伏"之感。出于维护香菇生产技术和平时活动上安全的考虑,认为有必要在语言上加以保密,于是在漫长的历史长河中,菇民们逐渐创造了一套独特的菇寮白(又称蕈山话或山寮话)。

菇寮白是在庆元本地方言的基础上产生的,其语言、语汇、语法与庆元地方方言基本相同,少有区别。它的主要差别是词义的改变,使之与庆元地方方言出现很大分歧,致使庆元本土人也难以听懂。菇寮白并不是地方方言的分支,而是属于帮会性的菇业行话。庆元、龙泉、景宁三县毗邻,其地方语言不甚相同,但所用菇寮白则完全一致。

菇民外出后都讲菇寮白。过去大凡菇民,不但都能听懂而且必须会讲菇寮白。不会讲的就会被视为外行、不懂菇山行规,是不受欢迎的。

（三）

诗词歌赋

1. 浙江庆元香菇文化赋

郦公曰：民以食为天。然则为天者广矣。普天之下，四海之内，山水之间，凡可以为食而活人保命者，皆配天之重也。如此，为天者足称尊，化物以食者，实可敬，而庆元香菇者虽一菌乃可称也。

有吴公名煜者，南宋建炎时凤阳山人氏也。每入山砍树成伤，染以苞子，乃得香菇。因以为法，名之曰"原木砍花法"。后八百年，山中人以此法种菇而食，并以蕈为业，养家糊口，代代相传。而庆元香菇亦形娇味正，垂王者之青，得庶民之爱，而飨众人之口矣。及当代则更有传人，殚精竭虑，奔走呼号。为政者审时度势，借机运巧。庆元香菇遂如星火燎原，出山门国门，而惠千民万民，且声名远播。故感其事而赞之。

神农有爱，百草先尝；后稷施巧，五谷盈仓。浙江山秀，名唤凤阳；南宋有子，吴氏三郎。时出山野，偶得佳方；砍刀入木，刻痕成伤。伤沾苞子，直作温床；香菇灵异，日短旬长。山中得法，由此远扬；万家因惠，千岁弥张。

南国风色，温润和柔；浙闽山地，峰峻谷幽。终年多雨，泉富云稠；地方土沃，树拔竹修。林深物美，草木清遒；菌生林下，菇满溪沟。天精地粹，一处兼收；养生阅目，品相同优。充饥饱腹，析病解忧；家餐可赖，御膳相求。

继承虽好，光大方成；庆元可赞，官正民英。吴君克甸，赍志怀情；攻坚克难，奉献终生。为官有道，劝农导耕；提携指引，戮力经营。芸芸百姓，雍雍和声；村村繁育，户户相倾。

段木粗放，代育才精；平铺淘汰，又建高棚。专心选育，努力推行；花菇新好，更有金晶。耄耋垂爱，菇源以名；蔚然大业，荣冠菇城。亦农亦贸，市场纵横；泽及百姓，一世康平。颂曰：

千载菌菇源凤阳，风调雨适好温床。

家家为业生财货，岁岁营斋节谷粮。

浩荡皇恩熏圣殿，殷勤百姓迈汪洋。

天工开物一般好，香蕈殷殷保世康。

注：【民以食为天】《汉书·郦食其传》："王者以民为天，而民以食为天。"【吴公】吴煜，南宋建炎四年1130年）出生于庆元县龙岩村的吴三公（吴煜）发明了"原木砍花法"栽培香菇技术，800多年来在庆元菇农中相传不息。此法在1200年修记于《龙泉县志》。几经转折，由日本当时著名的林学家和菇类学家佐藤成裕转录于他写的《惊蕈录》。【王者】据《庆元县志》载，明太祖朱元璋建都金陵，遇旱灾，戒荤食素，祈佛求雨，面对青菜豆腐，苦无下箸之食，发愁之际，国师刘伯温献上了龙泉香菇，朱元璋食之甚喜，令每岁必备若干。从此，香菇被列为宫廷贡品。【庆甸】吴庆甸，庆元香菇种植专家，创立了庆元香菇栽培技术模式并在全国推广。【段木】20世纪70年代以来，庆元香菇历经"段木纯菌丝接种法""代料栽培法"和"高棚层架栽培花菇法"三次重大技术变革。【耄耋】指联合国国际热带菇类学会主席张树庭教授，他多次实地考证，于1989年亲笔题词"香菇之源"。

摘自《重要农业文化遗产赋》（闫金亮，山东青州）

2. 七古、七律和七绝

浙江庆元香菇文化系统（七古）

生态环境第一县，青山绿水绕庆元。

剁花古法彰睿智，世人胜誉香菇源。

当谢先辈吴三公，探求燕术细研磨。

携领乡人同谋业，人工培植开先河。

艰辛创业离桑梓，菇民足迹涉万里。

为择良地宿深山，收获佳燕心头喜。

风物变迁沧桑过，世代相传勤种作。

菇乡风情汇成编，香菇文化名远播。

前人智慧喜传承，致富路上树新旌。

广迎四海八方客，荣冠菇业第一城。

千年绽彩小香菇，香飘天下遍通途。

设节九载同欢庆，赞歌当讴盛世殊。

摘自《重要农业文化遗产赋》（宗宝光，北京通州）

浙江庆元香菇文化系统（七律）

八百年前始祖吴，龙岩村里育香菇。

剁花有法先生定，遗产多功事业殊。

朽木逢春开富路，真菌创汇辟新途。

桂冠一顶光华夏，大写农林一部书。

注：【始祖吴】庆元香菇种植始于800多年前，据传由香菇始祖吴三公（1130—1208年）在庆元龙岩村发明剁花法生产香菇而成。【剁花法】吴三公发明剁花法，使深山老林中的"朽木"得到充分合理的利用，开创了森林菌类产品利用之先河。

摘自《重要农业文化遗产赋》（于海洲，北京顺义）

庆元香菇（七律）

浙西林茂莽苍苍，百里可闻菇散香。

小伞频频迎客至，大车急急送春忙。

山珍味美神仙福，财路源长品质良。

一业扬帆催百业，山珍味美神仙福，

一业扬帆催百业，家家户户迈康庄。

摘自《重要农业文化遗产赋》（王发清，江西宜春）

庆元香菇（七律）

砍木生花秘不宣，公侯盐路自天然。

国师有意为民利，贡品留香可口鲜。

化腐藏珍兴社稷，培菇立业沐山泉。

如今得觅龙元景，层架高棚接岭巅。

摘自《重要农业文化遗产赋》（王发清，江西宜春）

庆元香菇（七律）

吴公古法出奇招，木朽深山亦可雕。

菌种栽培拓新路，香菇普及列佳肴。

开源造福海天阔，点铁成金功德高。

盛世文明生态事，生财环保两逍遥。

摘自《重要农业文化遗产赋》（李锡庆，四川攀枝花）

浙江庆元香菇文化系统（七律）

每忆三公悼逝吴，剁花法里觅香厨。

深山喜获千颗宝，林海欣开万朵菇。

朽木生香承古脉，庆元继往拓新途。

高科宛似琼甘露，润叶滋根永不枯。

摘自《重要农业文化遗产赋》（李玉恒，辽宁铁岭）

咏庆元香菇（七绝）

万千朽木吐神奇，似果似花仙草姿。

长寿星君下凡采，盛名远播五洲知。

摘自《重要农业文化遗产赋》（李青葆，浙江丽水）

3. 词和对联

浣溪沙　浙江庆元香菇

枯木逢春巧育菌，香菇朵朵有奇纹。山深林密苦耕耘。风雨历程经几代，釜盘珍馔忆吴君。古今寰宇艺超群。

摘自《重要农业文化遗产赋》（陈瑞林，天津河东）

卜算子　庆元香菇

世界结菇缘，始祖三公斧。朽木花成不逊梅，常隐林幽处。林奏水云瑶，幽自清芬吐。抗病防癌好食材，膳用强筋骨。

摘自《重要农业文化遗产赋》（袁桂荣，吉林四平）

西江月　庆元菇乡见闻

绿树粉墙鸡唱，梯田沃野人喧。香菇棚里话丰年，纷说西洋古殿！一炷心香遥拜，千秋功德延绵。大山深处续新篇，笑展小康画卷。

注：西洋殿中供奉着菇神吴三公，因此庆元成为香菇发源地。

摘自《重要农业文化遗产赋》（傅瑜，浙江丽水）

喝火令　浙江庆元香菇

夜听惊雷响，林家朽木枯。雨晨人觅美人虞。喜看送来花伞，谁不爱香菇。今日三公访，才知本姓吴。自愁无主困芳帷。早厌看花，早厌听鹃呼。早厌草庐长隐，觅嫁闯江湖！

摘自《重要农业文化遗产赋》（刘景山，吉林公主岭）

题庆元香菇文化系统联

一朵林菇，开创生民愿景；

千年宝典，经营富国宏图。

摘自《重要农业文化遗产赋》（楼晓峰，浙江丽水）

（四）
行会组织

1. 菇民组织机构

清同治二年（1863年），庆元、龙泉、景宁三县菇民在广东韶州府（今韶关）风度街合资购买一栋房产，作为三县菇民会商之所，取名"三合堂"，这是最早建立的菇民组织。之后，景宁县包坑口村又建立"三合堂"和"菇帮公所"，成为三县祭祀菇神和菇民集会议事场所之一。

民国初期，三县外出菇民为了保护菇业利益，在香菇生产所在地的福建、江西、安徽、广西等地的100多个县（市）建立菇民群众团体，有的称"同乡会"，有的称"菇业公会"。拥有会员约15万人，并在福建省水路交通中心的南平市建立"浙江会馆"，作为旅外菇民的联合中心。这个机构还在主要的一些县市设立"办事处"，负责人均由浙江籍知名人士担任，会馆活动经费由菇民筹集。凡三县菇民的生产、生命、财产受到损失时，可向"浙江会馆"申诉，再由会馆出面找有关当局进行调处和仲裁，解决案件的费用由肇事者负担，所以当地群众都惧怕三县菇民"吵会馆"，不敢轻易侵犯菇民的利益。

三合堂碑

2. 香菇行

香菇行在庆元香菇发展的历史长河中有着特殊的作用。新中国成立前庆元县设在外省的香菇行，虽然对菇民有一定的剥削行为，但在客观上对组织香菇生产、沟通销售渠道等起到一定作用。根据部分历史资料，1941—1949年，全县设在福建、江西、安徽等省25个县（市）的菇

大通菇行（场景再现）

行有100多家，共有310余间，其中以福建的建瓯、南平、洋口、沙县、永安等地为最多，占4/5。菇行组织甚为简单，大都只有老板1人、理账1人、伙夫1人，每年农历十月十五，菇行老板要开始垫付一部分资金给"山客"（菇民）作路费，然后前往择定地点开设菇行，陆续向山客发放定金，并备饭食、床铺，接待菇民，用热情服务来笼络菇民感情，稳定货源，以期获得厚利。

菇行的主要业务是代客买卖、储藏、保管香菇，从中按营业额向"山客"卖方收2%，向"水客"（买方）收5%的信托手续费（又称行佣或佣金），同时须向政府缴纳牌照税、营业税、印花税与所得税等。一间菇行在条件较好的情况下，每年经销香菇2 500多千克，当时（1948年以前）菇行老板的香菇经销收入除去开支，盈利并不丰厚。但他们主要是靠"吃盘、抛盘""压级提级""转手牟利"以及"利上加利"等办法巧取豪夺获得巨额收入。

菇行老板要在菇民中有一定信誉，在销售产品方面要有广泛的门路，还要为菇民排忧解难，并解决生活上的一些实际困难，才能生意兴隆，有利可图。实际上新中国成立前的菇行老板一般都是有一定社会地位或者有经营经验的地方绅士与殷富人家。因为他们与菇民的利益关系，没有菇民也就没有他们的利益，所以在某种场合下，他们也会挺身而出保护菇民，而实际上也就是保护他们自己的利益。菇行老板也深知"皮之不存，毛将焉附"的道理，因此，他们必须极力去联络菇民感情。每年元宵节与二月初二两个特殊日子，他们都邀请菇民到菇行聚会，名曰"吃行酒"，并在市场上举行香菇交易会，菇行也要置办盛宴招待。平日菇民到行里，要安排膳宿，伙食半价收取，住宿房费则免收，唯恐招待不好捞不到生意。

当时香菇都是远销福州、温州、九江、汉口等地，为了掌握信息，及时销售产品，以便赢得较大利益，菇行老板还会聘人长住九江、汉口等重要商埠以传递信息，因此，菇行的开支也是不少的。在旧社会菇民没有菇行从中调度，产品销售就有困难，菇行没有菇民的支持，也就建立不起来，所以说，菇民与菇行之间相互依存的关系是历史所形成的。

剁花法——最古老的香菇栽培技术

五

浙江庆元香菇文化系统

剁花法栽培香菇技术也称为老法制菇，是在林地的倒木上砍以疤痕，利用自然孢子传播接种栽培香菇的方法。香菇剁花法栽培技术是以剁花为关键的综合性技术措施，菇民对香菇剁花法栽培技术一向严守秘密，代相继承，不肯外传，它分为"做槁""剁花""遮衣""倡花""开衣""惊蕈""采焙"等工序。剁花法的诞生，使香菇生产发生历史性的转折，生产区域不断扩大，从业农户不断增加，并通过史料传播、僧侣交往等渠道向国外传播。

（一）
技术流程

1. 做槁

菇民们将菇木称为"槁"。每年10～11月，利用地形，从下而上，定向将菇树砍倒，树顶向下坡，树底朝山顶，去其枝杈，留下树干及少量枝杈和尾枝，使树干既能蒸发多余的水分，又有在缺少水分时吸收水分的能力。在做槁时，必须注意保留遮阴树，不可砍光，以防止烈日暴晒。

剁花法可以说是半自然半人工的栽培技术，要选择气候良好、地势较缓、阳光充足、保水性好、冬暖夏凉、阔叶林资源丰富、树种理想的山场，才能获得丰收。剁花法与常规伐木不同，要先爬上树干剔除枝杈，若不先剔枝杈，菇木难以充分触地而吸水保湿，先剔枝杈也可避免巨大的树枝在伐倒时压坏幼林。树木砍倒后，在菇树上留一部分枝叶，继续发挥蒸腾水分作用，以调节菇木干湿程度，适宜香菇孢子自然繁殖，称为"抽水"。在菇木周围保留的遮阴树，则称为"凉柴"。凉柴又分"高凉"与"低凉"两种。前者指高大乔木，后者为一般小乔木或灌木。高低凉柴各取其利，适当搭配，既能阻挡当空的炎夏烈日，又能缓和强烈的斜射阳光，以营造良好的出菇环境。（详见"选菇场与砍伐菇木"）

2. 剁花

菇木剁花是最核心、最神奇的一个技术环节，是确保香菇孢子天然接种成功，为香菇孢子自然繁殖提供最有利条件的关键。剁花就是根据菇木树种、大小、老嫩等情况，用斧头以不同的手法剁出不同的深度和斜度的疤痕（称为花口和水路），这是做菇的关键工序。让自然界的香菇孢子随风飘散到菇木坎内萌发，形成菌丝蔓延。出菇多少，主要取决于所砍斧痕的手法，力猛痕深，力弱痕浅，都不合适。善于做菇者，能使全树长满菇，状如鱼鳞叠叠，不得其法者则可能不出菇。"落斧凭手气，轻重心里定。"所以，几百年来，这门技艺仅为庆元、龙泉、景宁菇民世代相传，"外人不知其法，概莫能为。"（详见"剁花"）

3. 遮衣

剁花之后，菇民要以一定数量的树枝、树叶等物覆盖菇木，防止烈日暴晒，这一环节叫"遮衣"。遮衣能避免菇木过度干燥，由此保持相对稳定的湿度。遮衣要均匀覆盖，要先粗后细，厚薄适度，蔽阳通风，保持水分，让其发菌。

4. 倡花

做横一年之后，有些树种菇木在适宜的小环境下，菌丝生长发育比较快，菇木上就有少量香菇生长，称为"倡花"。但这种香菇朵形小而薄，菇民都有意将其留着不采，使其孢子和菌丝能向附近其他菇木延伸。这段时间主要是整理遮衣，检查发菌情况，处理不好的菇木，清理横边杂草。

5. 开衣

做横两年以后，菇木开始正式生产香菇了，菇民称为"开衣"。其收获量按树种不同占整个周期总产量的1/4～1/3。开衣要把遮盖在菇木上的枝叶揭去，让菌丝进一步萌发，长出更多的子实体。至第三年便是"当旺期"，这时菇木普遍长出香菇，是菇山最繁忙的一年，菇民白天采菇、烧炭，晚上要烘菇、选菇、编织篾具，同时还要上山防盗、防兽。菇木"当旺"期一般有3年时间，每届冬天因雨雪阴晴的天气不同，香菇的收获也不同。

6. 惊蕈

有的菇木发菌好不出菇或菇木后期营养减少时，可用木板敲击菇木，用振动的方法刺激菌丝体，促使其形成子实体，达到出菇的目的，这就叫"惊槁"或"惊蕈"。也就是元代农学家王祯在《农书》中所说的"越数时以锤击树，谓之惊蕈"。惊蕈之后，一般7~8天即能见效，如果仍然不出，再次惊蕈也就无效了。

惊蕈术

7. 采焙

就是采摘香菇，烘焙香菇，其要点是要善于看天行事，适时采摘，掌握火候，勤翻细检，这也是关系到香菇质量的一门重要技巧。【详见"（五）采摘与烤干"】

（二）
选 菇 场

选菇场，菇民称为找山头，即寻找合适栽培香菇的山头，通常以影响香菇栽培的要素来选择菇场。

1. 看山头的整体环境

（1）海拔高度

香菇生长温度一般要求在5~20℃，大山中的野生香菇大都是在风雪或冰冻气温回升后大量发生，因此福建、江西、安徽等地的山区，都符合条件。据菇民估计，基本上菇场在海拔300~700米，冬暖夏凉、雨量丰富的区域。

（2）通风条件

香菇栽培场一定要在通风良好的地方，最忌讳"回头山"。"回头山"就是指在一条山湾中挡在出风口的山，四面闭塞、闷热不堪、气流不畅。用现在的理论来解释也是非常有道理的，通风良好的菇场，香菇孢子流动多，香菇接种概率高，菇木不容易腐烂，出菇时间长。

（3）山水条件

山水"好不好"没有具体的指标，是菇民在长期栽培香菇中的经验总结，山水"好"适合栽培香菇。菇民会根据植物生长情况及气候来进行判断。如盛长凤尾藓类植物、继木之的山场，山水就"好"；凡林地蕨类植物生长旺盛者，土瘦干燥，山水就"不好"，不宜栽培香菇。以枫树抽芽较早为"好"，伐后萌芽有力，更新速度快，凡此类山，土壤肥沃，光照充足，有效积温大于背阴山场；山场落叶层薄，黄泥透面山水"好"，头年落叶，次年烂掉，说明冬季气温、光照等适宜香菇菌丝发育；最好的山场，在泥面会有一层锡箔样的腐殖层，这种山场"好"，但很难遇到；山场地面上有沙样岩石，土壤不肥就"不好"，不宜选择。

（4）森林密度

香菇栽培的主要原料是阔叶树，所以基础条件还是要有丰富的菇木林资源。大部分菇场除栽培香菇外，从未进行过伐木、砍樵、造林等人工作业，林地内随处都有老朽腐木，且腐木上有香菇生长，林地腐殖层深厚、落叶腐烂快，唯有此类深山老林、资源丰富，符合剁花法栽培要求。

选菇场

（5）以经验选取山场

一是看野生香菇生长情况，一般枫、储朽木或树桩容易发现野生香菇。二是以火烧碎石，通过听其发声来判断山水。冬春在菇山，常在林地用火，如烧烤野味食物、取暖等，凡近地面之碎岩石发出爆裂之霹雳声，碎石四溅，形同玉米花之爆裂者，其山场好，是剁花栽培香菇之好场所。

2. 看阔叶林品种

阔叶林除几种含有杀菌成分的树种外，基本能栽培香菇，但因剁花法属自然状态下的接种出菇，产量性状与树种有很大的关系，菇民常将其分别列为上、中、下三等树。菇谚曰："红栲化香赚钱有昌；杜翁橄榄赚钱有限。"前者为上等菇树，而橄榄（山杜英）出菇虽快，剁花也易成功，但产量及质量均不如前者。常用树种有以下几种。

（1）蕈树（阿丁枫）

菇民称为檀香，并将其誉为第一菇木。菇民所谓"檀香"是指蕈树，亦称"山荔枝"，其属金缕梅科蕈树属。菇民常采用蕈树即中华阿丁枫，亦称为大叶檀；细柄蕈树，即细柄阿丁枫，亦称细叶檀。蕈树为大乔木，常绿，高可达20米，小枝灰色，叶柄短，或近无柄，花期10月，翌年秋季果熟，成荔枝状，生长于海拔1 000米以下，生态环境正符合香菇生长发育的要求。剁花后，产量稳定。由于树体庞大，常可收采7～8年乃至10年以上。蕈树在福建某些地方志上称为"楠"。明嘉靖《龙岩县志》记载："香蕈，畲人斩楠木山径之间，雨雪滋冻则生，呼曰香菇。"

（2）山杜英（菇民称橄榄，亦称羊屎树、胆八树）

橄榄为杜英科杜英属植物。剁花法通常使用的树种有山杜英、薯豆（杜翁弟）、杜英（杜翁）。山杜英由于其果实似橄榄，但并非橄榄科、橄榄属之橄榄。橄榄大多为人工栽培之经济林木，也不能用于剁花栽培。菇民以山杜英果形似橄榄而称之为小橄榄。山杜英之生态环境，大体同杜英。果形比杜英大，剁花容易，产量稳定。

（3）刺栲或红栲（菇民称尻树，柯树；尻音"kao"）

刺栲为壳斗科栲属植物。常用的有刺栲（红栲）、毛栲等。栲树在剁花栽培中所占比例25%～30%，所用之种有20余个，均依不同地区之菇场而定。栲树无论剁花或菌丝播种，均易成功，且出菇期较其他树种早。

（4）米储（米於）

另一种小叶栲树，其枝细，叶小，亦称为小叶储，其生态环境与香菇类似，更新快。米储大量生长于长江以南各省产菇区，其自然倒木常出香菇，菇民在勘察新菇场时，十分注意米储枯木野生香菇发生情况。米储中香菇菌丝生长迅速，出菇亦早。

（5）罗浮栲

即白栲，亦称白皮储。罗浮栲为壳斗科栲属植物，常绿小乔木，树皮暗灰色，叶厚革质，倒披针形，叶长6~8厘米，宽3~4厘米，先端渐尖，基部圆，全缘，叶柄短。菇民对栲一类树均称"储"（音"於"），大多能作剁花栽培，白栲则为最常用树种。

（6）甜槠

常称乌精或栲柴。甜储为壳斗科栲属树种，树高达20米，基部不对称，花期4~5月，翌年10月果熟，剁花法香菇栽培区常见树种。甜槠适生于海拔800米以下的肥沃酸性土上，在瘠薄的山地上也能生长。福建菇区多有此树种，在庆元县低山地区出现纯林。

（7）秀丽栲

常称银栗、乌腰栗。秀丽栲亦称尖齿栲（美秀锥栗），为壳斗科栲属植物，乔木，高可达15米，幼枝有灰白色蜡层及锈褐色毛，叶下有灰白色或淡褐黄色蜡毛层。壳斗直径1.5~2厘米，无柄，密生刺，果实味甜可食。广泛分布于皖南、赣、闽、浙、粤诸省菇场。

（8）珍珠栗

亦称锥栗或金栗儿。珍珠栗为壳斗科栗属植物。菇民此处所指之栗柴，包括板栗、珍珠栗、茅栗。栗属树种剁花容易，均为优良树种。板栗大多为人工栽培，茅栗全系野生，锥栗少量人工栽培，大多为自然衍生资源。菇民在深山中常作优秀菇树，但在村落之旁，均作保留。其特点为人工更新快、速生，可以营造人工专用林。

（9）槲栎

亦称泽栗、泽柴。槲栎以及栎属其他树种，剁花法采用十分普遍。槲栎为壳斗科栎属植物，高可达20米，叶倒卵形，长可达10~20厘米，宽5~14厘米，叶柄甚短，生长于阳坡瘠薄土地之槲树常有灌木状次生林，可作为封山培育之菇树，在土层深厚处常与其他阔叶树混生。槲栎叶可养蚕，包装果品；果可制淀粉；槲栎亦可作绿化树种。

（10）钩栲（大叶钩栗、大叶栗）

菇民亦称勾栗、高栗，形容其高大。钩栲属壳斗科栲属植物。树高可达25米，胸径2米，叶长20~25厘米，宽3.3~13厘米。壳斗径达6~7厘米，果单生，径2厘米以上，翌年成熟，可食或酿酒。皖南、浙江、江西、湖南、福建海拔1 000米以下的沟谷、山腰潮湿地带可见纯林，或与其他常绿槠栲混生，为地方常绿阔叶林主要树种之一。钩栲心材红褐色，边材灰褐色，钩栗耐水湿、坚实，其壳斗和树皮富含单宁。

（11）麻栎

麻栎属树种，菇民通称为"栗杜"或"林杜"，属壳斗科麻栎属植物。麻栎分布很广，喜光，深根性，耐旱，萌芽更新能力强。所产香菇质地优良，可以成为我国菇木林营造或封山育林主要树种。

（12）枫香树、枫树

菇民一概称为秋叶红、路路通。枫树属金缕梅科枫香属植物，为剁花法最常用树种。枫香属中，尚有几个形状极似枫树的树种，亦为优良菇树，如缺尊枫香。枫树为高大乔木，高可达40多米，胸径1.9米，经常可见菇民在一株菇树上的作业花去近10个工，其一旦剁花成功，常可出菇10多年，而单株产干菇数10千克。枫树有白枫与乌枫之分，均指其皮层颜色相对而言，由于含水量大，落叶较早，宜早砍，适当"抽水"后再剁花。

（13）青岗栎

亦称杜柴或称五叶杜，但杜柴又包括石栎属中的许多树种。青冈栎属壳斗科青冈栎属植物，常绿乔木，高可达20米，树皮带淡绿灰色，叶长6~7厘米，故亦称细叶。产于南方各省香菇栽培区，材质紧韧，较耐寒，为最普通之常绿树。

（14）乌冈栎

菇民称岩杜柴，又称着茄、石滴柴。乌冈栎属壳斗科麻栎属植物。乌冈栎为材质特硬的常绿小乔木或灌木，常长于岩石缝处，喜光，树皮致密，剁花成功之后，菇质特优。

（15）鹅耳枥

亦称马料、见风干、干心。鹅耳枥为桦木科鹅耳枥属植物。鹅耳枥属树种多能用于剁花栽培，唯其树皮光滑而薄，剁花后遮衣需认真。一旦出菇，产量可观。

（16）漆树

亦称黄漆、山漆、漆柴。漆树属漆树科漆树属植物，落叶乔木，高可达10米，直径30～40厘米，其叶螺旋状互生，枝上叶痕为心脏形，嫩叶味美可食，多食则下痢。漆树剁花时放水要开成"八"字形，以排出其苦味物质。保持通风，可获高产。漆树多种，均可剁花栽培，现菌丝播种法亦常用及此类树种。

（17）白栎

菇民称为白尻、柯。白栎属壳斗科麻栎属植物，高可达20米，为长江中下游剁花法香菇栽培区常见树种，枝叶茂盛，多生长于阳光充足，湿润肥沃的土壤上，产菇稳定，萌芽更新快。菇民往往15年一个周期，林相完全恢复后，重返旧地生产。

（18）赤皮青冈

亦称泽栗、甜栗柴赤皮。赤皮青冈属壳斗科青冈栎属植物。本属在我国有70余种可栽培香菇，因材质坚硬，剁花颇为困难，但一旦接种成功，菇的质量特别好。

（19）其他菇树

此处所指均菇民称为"槠"及"杜柴"一类，亦即壳斗科之栲属和栎属树种；麻杜、竹叶杜、白叶杜则为青冈栎属。竹叶杜形容其叶较细小，实为小叶栎。白叶杜则为壳斗科青冈栎属之多脉青冈。驮甲槠，又名青钩栲，今已列为国家保护植物，不许砍伐。驮炮柴为壳斗科石栎属之多穗石栎。麻杜，又称马庇杜，即东南石栎，材质硬，剁花难，一旦成功，产量高。

菇民精于对树种的识别，对同一个树种在不同地方生长上的细微变化、何种树用于香菇生产、其栽培特性如何等，都十分清楚。从不泄漏。所有香菇树种唯有菇民内部名称统一，即使是庆元、龙泉、景宁三县，非菇民的称呼亦不一致，如枫树，菇民称其为"路路通""见风摇"，而非菇民均称为"枫树"。

据《浙江重修通志稿》之记载："香菇为本省庆元、龙泉、景宁等县10余万人种植，唯以手术秘密，外人莫得而知，种植之地皆在深山穷谷，制菇之树，大率为植香木、橄榄树、白皮柴、花香柴、节度柴、黄漆柴、甘红柴、大统柴、交栗柴、枫树、乌龄、白民、金栗柴等。"此处所指树种和前述大体相似。

3. 综合各类因素决定

菇场的具体选择会综合各项复杂的菇场因素。在具体确定场地时，必选山势开阔，空气流通，坐北朝南，冬季阳光充足、温暖，夏季凉爽，日夜温差大的山腰处。菇场土质以富含腐殖质、土质肥沃、土层深厚的沙质壤土为好，这种土壤吸水、吸热、保温、保湿能力强，菇木长势旺盛、营养丰富。同时，要选择近水源、菇木量大、操作方便、节省劳力、综合经济效益较好的地方。剁花法菇场最忌讳"回头山"，也忌讳山岗与山脚。山岗上菇木遮衣保湿难；山脚处湿度过大，杂菌多，菇木易腐解。

判檣山场歌谣

第一判山要踏明，弯弯岗岗都看来，

菇树凉柴都齐整，再托住东写山批。

第二判山界限清，四水归内都判来，

莫听牙郎乱作教，莫被中人笔下呆。

第三判墙要己山，判成日后无交争，

众山恐怕强欺弱，强人作事怕不长。

第四判墙要青山，深山路远无人行。

一则香菇又好守，二则又无人烧山。

第五判墙山要高，高山檐衣无人操。

一则村方无人去，判来一寮做二寮。

第六判檐要低山，冬菇价好更肯生。

一则香菇出得早，昌花便抵开衣年。

第七判檐要中山，中山无有轻重年。

高山项好也有分，低山好年也相连。

第八判檐要古连，树老出菇更多年。

一则庄上工又少，二则又是近寮沿。

第九判檐判溪沿，早冬年成第一年。

别人香菇都旱了，溪沿渡雨大无天。

第十判檐判村边，来来去去闹无天。

一则又不下独自，二则买办近寮沿。

十一判墙要坟山，坟山树木都多年。

一则火路不消开，二则山兽不会来。

十二判墙山朝阳，香菇厚大价钱高。

别人阴山寒冰冷，阳山清早晒到寮。

（三）

砍伐菇木

　　找好山场，签下判山契约，就开始砍伐菇木。判山契约有三种，一种是整个山场界内所有木头都卖给菇民；第二种是山场界内的菇木点根数卖给菇民；新中国成立后还有一种是与当地村集体合作，菇民负责技术、当地村负责木材，双方平等出工，香菇产出也平分。大部分情况是以第二种方式合作。

1. 砍伐时间

砍树作业与常规的森林采伐及一般菌丝播种之段木砍伐不同。由于菇场辽阔，气候差异，砍伐期亦有先后，但大多为冬至前3日开始到翌年惊蛰后3日结束。亦即从12月中下旬开始至次年3月上旬结束。海拔较高，或晚秋气温下降较快，早春气温上升较慢地区，其砍树期将适当提前和推后。

2. 菇木选择

整个山场内在具有大量的菇木林资源的同等条件下，菇木林的种类也是很重要的。菇民根据经验选择最好的菇木品种，选择菇木也是非常有讲究的。

（1）树种

适合剁花法栽培香菇的树种非常多，之前已列出部分菇木品种，菇民对树种好差有一个排名顺序，一是檀香（阿丁枫），二是橄榄树（山杜英），三是栲树类，四是米槠（详见菇树排名歌谣）。依此顺序选择砍伐。

菇树排名歌谣

第一菇木是檀香，檀香项大如处间，

顶好年头出的本，第二三年更肯生。

第二菇木橄榄柴，会生青果各人欢，

无论冬春一样发，无论年成轻重年。

第三菇木栲树柴，四季长青叶底黄，

皮带红丝树高大，香菇发出重叠重。

第四菇木是米榆，抽叶青色高山无，

小心遮盖不可晒，发菇项早算米榆。

第五菇木白皮籽，婆源项多别处无，

叶底树皮都是白，放菇二路白皮榆。

第六菇木是乌榆，高山肯生低山无，
墙棚比如钉权样，出菇好似瓦片多。

第七菇木银果柴，发菇出得鼎多年，
遮衣好盖叶茂盛，出菇直出好几年。

第八菇木金栗柴，果子人人都喜欢，
栗树好砍骨经烂，永远不烂成坟岩。

第九菇木泽栗柴，鼎高山场更肯生，
花香泽栗如兄弟，出菇一样也多年。

第十菇木高栗柴，出香菇子满地摊，
叶如巴掌树高大，出菇算的也平常。

十一菇木栗杜柴，冬天落叶是硬柴，
皮厚照样有半寸，出菇算的项多年。

十二菇木枫树柴，平地养起当凉柴，
放菇要看皮乌臼，白的更妙乌退板。

十三菇木底红柴，生嫩皮薄叶秋红，
结子比如葡萄样，出菇趁早第一名。

十四菇木是杜柴，石弄岩背更肯生，
永古千秋不肯大，比如犁尾与犁担。

十五菇木岩杜柴，朝岩山止更肯生，
曲曲弯弯都不怕，愈老愈硬愈肯生。

十六菇木马料柴，身光皮薄在高山，
香菇不出便不出，再出一枝叠叠生。

十七菇木黄漆柴，冬间落叶出岩山，
根水比如八字样，放的眼空更肯生。

十八菇木是白栲，树嫩皮薄疥粒尻，

菇树算的第一嫩，项快出息一样柴。

十九菇木甜果柴，身子比如是杜柴，

又名叫作红心杜，根甜心红两样柴。

二十菇树大统柴，驮早榆与驮炮柴，

麻杜竹叶并白叶，再有别样下等柴。

说起柴名说不完，因无宗谱古人传。

天下各处各样唤，只有菇邦一般般。

若问柴名都唱完，心想做梅讲一遍。

恐怕各省传扬去，牢记切莫漏根机。

（2）树龄

树龄长，树体大，就耐腐朽，经得起在自然条件下较长时间的腐朽，其过程也就是菌丝发育生长香菇的过程，剁花成功后，就能多年收获。所以即使为优良菇树，但属中、幼龄树，容易腐朽，材质松软的树种，菇民都不会采用。粗大的菇树从砍伐至采收，出菇常长达7～8年，投入与产出比较高；大树剁花的成功率也大，树干内干湿状态比较稳定，"放水口"和"保水口"容易处理。也有不少菇树本身树干不大，如乌冈栎等，但因其材质坚实、树龄大、耐腐朽，同样可以达到一年剁花、多年出菇的目的。因此，通常选择树龄在30年以上的菇木进行砍伐栽培。

3. 砍伐要点

（1）倾倒方向

剁花法的菇木都是选用树龄长的大树，直径大都在1米左右，树砍倒后就无法移动。因此，在菇木砍伐前，就要看好菇木伐后倾倒的方向，在周边环境许可情况下，选择往下45°角倒下。选择这个角度的理由有：一是砍树朝下倒最容易，45°难度也不大；二是以这个角度下倒树技不易折断，好留抽水枝；三是菇木水分不易留失；四是便于今后剁花、遮衣、采菇等各项操作。

（2）枝条处理

剁花栽培法是边伐菇木，边剁花。否则会错过香菇孢子释放时期，但此时菇木含水量很高，不一定适合孢子的萌芽以及菌丝生长。因此必须留"抽水枝"。"抽水枝"指伐后能继续发挥蒸腾水分作用的枝叶。菇木伐后，根压亦随之消失，树干内水的运动极大地减弱，容易造成如菇民所称之"水鼓涨"现象。但是，只要有一定量枝叶存在，叶片在蒸腾作用时，就必须得到水分，就靠树干自身的水分由导管输送以满足"抽水枝"的需要，使整株菇木逐渐协调地收浆干燥，自然地、均衡地降低含水量。

留"抽水枝"的方法：选择时视菇树形态而定，大多选近树梢部分蒸发量大、枝叶繁茂的枝条。湿度大的阴山，含水量高的树种，留抽水枝占全部枝杈的1/3左右；含水量低的硬质树占1/5左右。抽水枝保留过多，蒸发过甚，以后补水困难，不利菌丝生长；抽水枝过少，水分无法排出，砍口易产生"伤流"现象，孢子难以定植。树梢部一般不作抽水枝利用。如果天气多阴雨，对于含水量特别大的树种，如枫树，有时也将梢部留下。

剁花前后及下山前，菇寮内有经验的菇民，会对抽水枝作一审定，用柴刀劈入菇木主干看其含水量变化，含水量高时保留抽水枝，菇木干燥的劈除抽水枝。

砍伐菇木

（3）开水口

一般菇木同时砍出入水口和排水口，这样有利于水分过多时能排水，过少时能接收水分。砍口的深浅，取决于菇木的大小。可根据需要在树干上砍数道水口，其深度可达木质部1/5～1/2，入水口是为了经常吸收雨水和露水，要求砍得粗糙、向上、向矮方向，以利留水和装水；排水口要求砍得光滑、斜向、向下，以排出雨

水和多余的水分。如山场阴湿可多砍排水口，反之可多砍入水口。一般
认为米槠栲树可以不砍水口。

（四）
剁花

剁花是剁花法栽培香菇最重要的环节，也最具技术含量。菇民们作
为谋生的秘技，一代代相传，但为什么要这样做，怎样做最好，其道理
却大都不明白。

1. 剁花的作用

（1）承受孢子

以砍口直接承受孢子，造就一个干湿适宜而易于香菇孢子萌发的环
境，是剁花的主要作用。菇树承受孢子，一是随雨水进入，二是随气流
沉降掉进。孢子在砍口上萌芽，向四周或整个树皮的各个部分萌发成菌
丝后，延伸而定植。剁花伐木，正值冬春香菇大量饱子释放时，这样菇
木能否为孢子沉降、萌发、定植提供最有利条件，就成为剁花成败之
关键。

（2）破坏树皮结构

树皮作为树干的保护层，砍伐后的菇木，树皮活力衰退速度随木
质部的干燥死亡程度而定。某些菇树，即使边材完全腐朽，树皮仍然
在起保护作用。但对树皮过分破坏，将促使各种杂菌擎生而很快腐
解。剁花后使香菇孢子有一个"入侵"机会，但又不破坏树皮原有的
作用。

（3）平衡水分，防止树皮起翘

菇木内含水量适度与否，是香菇孢子萌发、菌丝生长发育的关键，基本上决定了菇的产量与菇木的寿命。砍伐后，树木细胞中无论自由水与束缚水均能仍然维持原状。经过剁花以及加开"放水口"或"保水口"，可调节与排除多余水分，使整条菇木保持适度水分和相对平衡。

不同菇树含水量差异甚大，同一树种生长于背阴处、潮湿地，其含水量亦大于向阳处、干燥地。剁花法在调节这些菇树的含水量时，其砍口深浅、疏密、放水口（或保水口）的多少，均须作不同的处理。

同一株伐倒的菇树，其基部和梢部，含水量也有差异，其基部往往比梢部含水量低。平衡水分还有赖于留抽水枝。如果伐后不采取各种剁花措施，听任自然干燥，也极易造成树皮起翘。因为树皮部含水量低于木质部，木质部干燥收缩后，与树皮形成空隙，通过剁花，调整了树皮与木质部之间的压力状况，免于起翘与破裂。

（4）改善菇木的物理和化学状态

剁花包括从属于剁花的辅助措施"放水口""保水口"等，在树木伐后应立即进行。植物根系吸水和水分运动的动力——根压和蒸腾拉力仍在发挥作用。剁花和树干上所开"水口"，实际上相当于在植物组织伤口上溢出的液体，也是一种伤流现象。流出的即为伤流液，除水分外还排出植物体内的次生物质，如萜类、酚类和生物碱等，菇民概称其为"苦水"。只有吐出"苦水"方能长菇，不同树种含"苦水"的质和量均不同，同一树种亦因树龄不同而异。所有苦味物质都是随水分而滋出或挥发，从而使细胞间的自由水得以适度减少，而增加木质部的空隙部分，增加菇木的氧气含量，有利于菌丝生长。

2. 剁花方法

剁花，是剁花法栽培的核心。决定剁花方式的因素十分复杂，凭以下因素可决定剁花的深浅、轻重、疏密、斜平以及行数排列。

①树种；

②树龄；

③菇场湿度；

剁花

④菇树的粗细；

⑤海拔、朝向；

⑥树木的倒向，梢部的朝向；

⑦山水品质，土壤肥力，凉柴质量；

⑧菇树梢部与根端部，树干的阴阳朝向；

⑨菇场的新旧，孢子含量。

树种差异是剁花深浅、疏密的决定因素，其间差别却又很细小，菇民有一句谚语，所谓"枫树半粒米，橄榄洋钱边"，意思是砍入木质部的深浅，前者约2.2毫米，后者约2.3毫米，凭一把斧头，凭手的上下运动，只能心领神会。

同一树种，老龄树、空心、烂心树所剁花口又应深一点。

同树种，同老龄树，在阴山与阳山、在风口处与潮湿处、树梢向上或向下均有所不同。当然，任何复杂的东西，都有它的内在规律。砍口深浅的一般规律为：

山水浓偏深，山水淡偏浅；

树龄老偏深，树龄少偏浅；

材质硬偏深，材质松偏浅；

海拔高偏深，海拔低偏浅；

树皮厚偏深，树皮薄偏浅。

（五）
采摘与烤干

（1）采摘技术要点

①掌握最佳采收期。在七八分成熟时采收。成熟标志，菌膜已破，菌盖尚未完全开展，尚有少许内卷，形成"铜锣边"，菌褶已全部伸长。适时采收的香菇，色泽鲜艳，香味浓，菌盖厚，肉质软韧，商品价值高。过期采收，菌伞充分开展，肉薄、脚长、菌褶变色，这时，它的重量减轻，商品价值低。

②注意采摘技术。摘菇时左手拿起菌棒，右手用大拇指和食指捏紧菇柄的基部，先左右旋转，拧下即可。不让菇脚残留在菌筒上霉烂，影响以后出菇。如果成菇生长较密，基部较深，要用小尖刀从菇脚基部挖起，注意保持朵形完好。

③天气影响。采收香菇还要根据气温、气候的变化，采取不同措施，分期分批进行。气温低时，香菇生长慢，可适当延长采收期；如遇阴雨天，宁可提前采摘稍嫩的菇，而不采过熟菇。

④配合适盛器。采完的鲜菇，要用小萝筐或小篮子装，并要小心轻放，保持实体完整，防止互相压挤损坏，不能影响品质。采下的鲜菇要按菇体大小、朵形好坏进行分开，不能混在一起，然后另装盛器内，以便分等加工。

⑤采前停止喷水。部分菇农在采前喷水以增加重量，这严重影响品

质。如果采前喷水，菇体含水量高，加工鲜菇时菌褶变褐，脱水干制时菌褶变黑，菇体水分过高也容易发霉。因此，在采收前不能喷水，要让菇体保持原来水分。

（2）烤干技术要点

火力烤干是我国菇民传统的香菇加工方法。用火烤出来的香菇，色泽好、香味浓，问题是需用木炭火、柴火，成本较高。

①焙笼法。焙笼用竹制，高65～70厘米，直径为70～80厘米，上部装一竹筛，火盘设在笼底，烘烤时，将鲜菇一个一个排在筛面。火力的掌握：开始时40℃，中间（约五六成干后）40～60℃，最后是40～50℃（都是指筛面温度）。烤菇时要经常翻动香菇，以便使干燥度均匀一致，不会有"死角"出现。这种烤菇方法比较古老，而且产量很低，适宜于菇场规模小、出菇不多的单位采用。

②烤房法。生产规模和香菇产量比较大的菇场，适宜采用烤房法来加工烘烤香菇。这种方法可用木炭，也可用柴火。用木炭的，可直接将木炭烧在烤房里面的火炕上，但烤房四周要设有可以开关的排气孔，以便调节房内的温湿度。如烧柴火，则把柴灶（老虎灶）和烟囱砌在烤房外面的两端，烤房中只通两支铁皮制的烟道（设在地面），房中的温度就是由这两支烟道来传送的。由于木炭价格高，烧柴比较好。烤房用砖或土坯砌筑，面积大小按需要决定，房内高2米多，房顶上面必须做气筒，以便排除蒸汽，内设多层烤架，最低的一层距火炕或烟道45～60厘米，每层烤架高约20厘米，烤筛应是活动的，可以自由取出，以便上下调换。菇筛的底要编成约3平方厘米的方格，以便插放香菇。

火力的大小，以人的手背伸入烤架最低层感觉不烫，但不能久放为标准。最低层的烤架和烤筛因离炭火或烟道较接近，应用铁丝或铁架制作。

为了节约能源，降低生产成本，凡采用火力烘烤的菇场，可先将香菇经太阳晒至半干后，再用火来烘焙，其色泽和香味亦不会比完全用火烤出来的低。

③烤菇时应注意的问题。加工烘烤香菇，是香菇生产最后一道"关"，必须认真把好，并选派责任心强、有一定经验的人来掌握。这一"关"的关键之处就是准确地掌握火候。烘烤时要求火力不要过猛，也不要过低。火力过猛，会把香菇烤熟烤焦；火力过低，则会使香菇色泽变黑，需要十分注意。一般在鲜菇新进烤房时，火力要求低（40℃左

香菇烘干机

右）因为初期鲜菇水分很高，火力过猛后，容易把香菇烤熟。随着水分逐步减少，火力再逐步升高，但不能超过65℃，不过如果香菇事先经太阳晒过，开始烤时火力可以稍高一些。

烤菇时，香菇的个体随着水分的减少而逐步收缩，约烤至五六成干后，就要进行翻动和调整。同级别的可合并，并将烤筛移到下层烤架去，上层再加进鲜菇，这样既能使香菇的品质和干燥度一致，又使烤房的利用率得到提高。

香菇最好不要一次烤干，因为一次烤干，容易使香菇变脆或破碎。一般在烤至八九成干（即菇盖和菌褶已经干燥），且菇柄和菇肉尚有少量水分的时候，把香菇取出装好，放在干燥的地方存放12小时，让干燥的部分把余水吸收过来，然后再入房复烤3～4小时，这样更能保证质量。

干燥的香菇含水量为13%，达到这个标准就可以长期存放了。所以一般要4～5千克鲜菇，才能烤出500克干菇。但由于生长的环境、采收的季节、天气以及菇的质量不同等因素，其干燥率也有很大的差别。一般是冬天和晴天采的菇，干燥率高，春天和雨天采的菇，干燥率低；花厚菇的干燥率高，薄菇的干燥率低。在烘烤时，应根据不同的品种和采收季节，灵活掌握烤菇的时间和火力，不可千篇一律。

六

遗产保护—庆元
香菇未来发展之路

浙江庆元香菇文化系统

庆元香菇文化系统通过"森林孕育香菇，香菇反哺森林"循环机制维持系统的正常功能，为人类提供集食用、药用和保健等多种用途于一身的香菇等食用菌菌类产品，对维持人类食物安全、农业可持续发展等具有重要意义。同时，一些传统民俗中蕴含着可持续发展的思想，使得该系统能够代代相传，生生不息，持续养育一方人民，是人与自然和谐发展的典范，具有重要参考价值。

（一）
遗产保护的必要性

1. 遗产保护的目的

文化在一个地方的发展中扮演着十分重要的角色，一个地方的特色文化是一个地方内在的和无形的实力。香菇是庆元文化的根，这也是庆元香菇文化系统孕育的庆元传统文化和传统产业的深层次意义所在。从农业文化的视角看，香菇不仅是一种菌类作物，而且还形成了以香菇为载体的文化，体现或标志着庆元山区独特的农业生产系统和当地人民利用自然、改造自然的创造活动的全部内涵。从生计安全来讲，该系统为当地居民提供香菇、竹笋、高山蔬菜等产品。同时系统中各种阔叶、针叶林木等有机结合，构成良好的森林生态系统，也为众多动物提供了栖息地，保持着比较完整的生态系统结构和丰富的物种多样性。

文化的传承离不开载体，然而，由于土地利用竞争、农业生产经营模式改变、森林资源保护、农村劳动力大量转移等因素，庆元香菇文化系统的传承与保护面临着严重的威胁。延续近千年的剁花法栽培香菇等传统农业生产技术由于难度大、周期长，已经后继乏人。受劳动力流失影响，菇民逐年减少，并呈现老龄化趋势。年轻一代大多不愿意生活在偏僻山区和接受繁重的体力劳动，传统技术得不到很好的传承。此外，当地的传统生物品种面临着外来物种的威胁，农业生物基因资源流失明显。农业文化遗产保护的核心是保护载体和与载体共存的文化创造力，因此，制定和实施浙江庆元香菇文化系统农业文化遗产保护与发展规划，对该系统进行动态保护和适应性管理具有重要意义。

遗产保护的目的，一是更有效地保护近千年以来庆元菇民创造的人与自然和谐发展的以香菇栽培为特色的香菇生产系统及其生物多样性；二是保护庆元菇民以香菇生产形成的生产方式、民风民俗、传统节日、文化信仰等，以及近千年以来延续不断的农业生产创造活力；三是将浙江庆元香菇文化系统建设成为香菇栽培历史发展的科研基地、香菇文化教育基地、菇林和谐发展的生态教育基地、林菌复合型农业文化遗产地可持续发展的示范基地。

遗产保护与发展规划评审会

2. 遗产保护的重要意义

（1）有效保护与传承传统香菇栽培技术

文化的传承离不开载体。然而，由于土地利用竞争、农业生产经营模式改变、森林资源保护、农村劳动力大量转移等因素，庆元香菇文化系统的传承与保护面临着严重威胁。随着科学技术的进步和人们生态保护意识的增强，剁花法、段木法香菇栽培技术由于木材消耗大、工艺落后等原因正逐步被淘汰。目前，香菇栽培主要采用代料栽培，该技术出产的香菇占香菇总产量的90%以上。农业文化遗产保护的核心是保护载体以及与载体共存的文化创造力，系统开展庆元香菇文化系统保护，不仅可以有效保护庆元香菇传统的农业生产技术，而且对于合理利用其优良种质资源，促进庆元香菇文化的继承与发展也具有重要意义。

剁花法技艺展示

（2）促进当地农业发展与农民增收

庆元香菇文化系统不仅为当地提供了以香菇为主的多种农副产品，而且在保护生态环境、发展休闲农业、推动科学研究等方面也具有重要作用。在长期生产实践中，庆元菇民根据森林与香菇互利共生的生物学原理，科学合理利用森林资源，形成了以香菇为主的食用菌系列产品，为当地居民提供了重要的食物和经济来源，已有上万农户靠香菇走上了富裕之路。如今庆元因"中国香菇城"而享誉全球，香菇业已成为庆元

县的支柱产业。同时，优美的生态环境、丰富的香菇文化和多样的生态
产品为庆元发展休闲农业提供了优越条件。

现代香菇生产基地（陈世平/摄）

（3）有效应对现代农业对传统农业的冲击

　　传统剁花法采取择伐的方
式来经营林木，不仅不会破坏
森林植被，而且可促进林木更
新，是一种和谐可持续的栽培
方式，符合现代森林可持续经
营理念。同时，随着我国城镇
化进程的不断加快，传统农耕
文化的发展空间逐渐萎缩。农
业文化遗产保护强调对传统农
业及其相关生物和文化多样性
的保护，以最大限度保留传统
的生产生活方式，为人们呈现

龙岩村（郑承春/摄）

乡土气息浓厚、农耕文化丰富的画面。加强对庆元香菇文化系统的保护
和传承工作，将对建设富有菇乡特色的美丽乡村起到积极作用。

（二）
机遇与挑战

1. 发展中的机遇

（1）悠久的香菇栽培和利用历史

　　庆元县是世界人工栽植香菇的发源地和主要栽培区域之一，素以"世界香菇之源""中国香菇城"著称。庆元菇民在长期生产实践中利用香菇与森林互利共生的生物学原理，在不破坏森林资源的基础上发展香菇产业，形成了以香菇为主的食用菌系列产品，这些产品是菇民食物的主要来源，也为菇民维持生存提供了重要的经济来源。同时，庆元菇民世代在深山老林中劳作，创造了独特的语言和习俗，编织了大量充满菇乡风情的歌谣、谚语和富有传奇的人物故事，抒发制菇苦乐，反映菇民生产、生活以及与大自然作斗争的情景，这些材料生动朴实，构成了庆元香菇文化的丰富内涵，形成了独具特色的香菇文化。

（2）庆元香菇的农业多功能性得到认可

　　随着社会的发展，人们对庆元香菇的认识已不仅仅局限于其经济价值。庆元作为我国香菇栽培的发源地和主产区，拥有较完整的香菇种质资源，因而又具有历史地理学、生态学、环境科学等多种科研价值。此外，庆元丰富的农业景观与青山绿水相互映衬，原始的自然森林群落与庆元山区的丽山秀谷和文化遗存形成了菇乡独特而丰富的旅游资源，香菇旅游业在生态旅游的滚滚浪潮中占据一席之地。目前，香菇作为庆元县最具发展优势的经济作物，对拓展山区经济发展空间，培育"优质、高效、生态、安全"的兴农富民新产业具有重要意义。香菇的多功能性已经逐渐得到了社会各界的认识。

（3）香菇产业具有广阔的发展前景

　　随着国民生活水平的不断提高和对健康的日益关注，食用菌特有的菌物蛋白对人体的营养和保健功效将被更多的人所认识和重视，"一荤一素一菇"的饮食理念和习惯越来越为人们所接受，菇类产品正以惊人的速度走上国人的餐桌。人类的营养结构已从二元（动物蛋白、植物蛋白）向三元（动物蛋白、植物蛋白、菌物蛋白）转变，生物界第三链（植物链、动物链、菌物链）的作用日益凸现，菌业已经成为继种植业、养殖业之后的第三农业，食用菌产业在全球农业产业结构调整中处于上升趋势，是一个朝阳产业。

　　民以食为天。每天吃点什么？怎样吃更有利于健康？这是每个人都十分关心的事情。以前，我们的饮食习惯为一荤一素，荤素搭配。联合国粮农组织和世界卫生组织提出了一个新的口号：21世纪最合理的膳食结构为6个字：一荤一素一菇。

　　这一荤呢，不外乎鸡鸭鱼肉蛋类，这些肉禽蛋类食物富含蛋白质、脂肪、碳水化物、矿物质、维生素等，是人体必需的营养物质，你每天只要选其一种就可以了。荤菜味美但不可多吃，每天最好50~100克，而荤菜当中要数鱼最好，建议多吃。

　　"宁可食无肉，不可食无菜。"一素当然指的是蔬菜，蔬菜中含有多种营养素，是无机盐和维生素的主要来源，那蔬菜选择的范围就更广了，诸如菠菜、韭菜、芹菜、萝卜、马铃薯、藕、冬瓜、丝瓜、南瓜、苦瓜、黄瓜、葫芦瓜、番茄、茄子、辣椒以及各种豆类和豆制品等。古人云"三日可无肉，日菜不可无"，这里的菜就是指蔬菜，每天选其一至两种，但总量不能少于500克。

　　联合国粮农组织和世界卫生组织为什么要把"一菇"加在人们的日常膳食中呢？菇就是指食用菌，如香菇、木耳、蘑菇等。因为食用菌在膳食中所含营养特别全面，有三大作用：第一，菇是"灵芝"，服用会使血脂下降，胆固醇、甘油三酯下降，血黏度下降，动脉硬化延缓，心脑血管病减少；第二，菇含有香菇多糖，使免疫力提高，癌症减少；第三，菇还有抗氧化作用，使细胞凋亡减慢，延缓衰老，减少老年痴呆。如果我们经常吃菇，心脑血管病会减少，癌症会减少，衰老也会减慢。亚健康人群常食用相对应的食用菌，可逐渐恢复健康；老年人常食食用菌，可延缓衰老，延长寿命，提高老年生存质量。

一荤一素一菇

所以，食用菌不仅是一种营养性食品，而且是一种功能性食品，它不仅能给我们人体提供全面均衡的各种营养元素，而且对预防和治疗各种慢性病、抑制肿瘤生长均有较好的疗效。对于亚健康人群和慢性病患者来说，常吃食用菌进行"食疗"比长期食用药物更有效。随着专家对食用菌研究的深入，一些以食用菌为原料的功能性保健品也相继面世，这无疑为人们的健康带来了福音。

（4）政府重视农业文化遗产保护工作

全球重要农业文化遗产（GIAHS）工作已经全面展开，并在国际上得到了一定的认可，截至2016年年底，全球共16个国家的37项传统农业系统被列入GIAHS名录，其中11项在中国。10多年来，众多的国家政府、国际组织、学者投入到农业文化遗产的保护工作中来。中国是最早参与GIAHS的国家之一，积累了许多成功的经验。2012年3月份农业部正式发文开展中国重要农业文化遗产发掘工作，庆元县政府高度重视庆元香菇的保护和香菇产业的发展，2012年以来积极筹划庆元香菇申报中国及全球重要农业文化遗产，各级政府领导带队考察我国重要农业文化遗产地，并积极参加各类申遗工作交流会。

闵庆文研究员考察庆元香菇文化系统

2. 面临的挑战

（1）现代栽培技术对传统农业的冲击

　　传统的香菇栽培需要在深山老林中进行，周期较长，自然条件差，生活十分艰苦，菇民采用的是一种秋出春归的"候鸟式"生产生活方式，从来没有春节、元宵等节日的热闹和快乐。同时，传统香菇生产方式从直接经济效益和产量等方面看，都远远不及现代栽培方式。随着香菇栽培技术的不断进步和人们保护森林意识的增强，我国香菇主要来自代料栽培，段木栽培已是一种限制生产的栽培方式，剁花法也成为一种历史记忆，逐渐消失。

（2）周边地区香菇产业快速发展

　　周边龙泉、景宁两县人民早在800多年前也掌握了人工栽培香菇的技术，与庆元一样有着同样悠久的历史，目前也提出了发展香菇产业的战略，传承香菇文化打造香菇品牌的目标，三地竞争激烈。此外，西南、西北等地区利用丰富资源、低成本的劳动力，把香菇作为"短、平、快"项目，以"一步工程"的力度加快发展，市场竞争日趋激烈。同时，居民消费需求不断提高，种种贸易壁垒的增设，庆元香菇产业及市场发展面临着前所未有的挑战。

（3）适龄劳动力大量外流

　　香菇栽培是传统的手工生产，劳动量大，工作强度大，对劳动量需求较大。然而，成年劳动力流失是我国农村和农业面临的一个普遍问题，在香菇产区也不例外。在生产季节，成年劳动力的缺失成为菇民犯愁的一件事情。年轻人大都走出大山到外面去从事自己喜欢的工作，过城市的现代化生活，35岁以下的年轻人很少从事香菇生产管理，家里农活平时基本上都是年纪在50岁以上的人在做，而50～65岁的菇民竟然是最主要的劳动力。随着这一批菇民的衰老，香菇这个产业如何继续发展是摆在我们面前的一个严峻问题。

（4）生态保护对产业发展造成一定压力

　　伴随香菇生产的技术革新，人们为追求最大经济效益只能扩大生产，使得香菇栽培的原材料需求大大增加，林木资源的需求量大幅增加。庆元县是我国生态环境第一县，在各级政府的高度重视下，全县重点生态公益林面积达到127.317 9万亩，占全县林业用地面积的50.6%，为林业生态体系建设注入了实质性内容。但是，随着众多林地划入保护范围，一定程度上限制了香菇产业的发展。因此，合理规划，解决遗产保护与利用之间的矛盾冲突显得尤为必要。

（三）
已 采 取 的 措 施

1. 积极申报中国重要农业文化遗产

遗产保护工作启动以来，庆元县委、县政府高度重视，成立了农业文化遗产保护与发展规划领导小组，并由县食用菌管理局具体负责"浙江庆元香菇文化系统"农业文化遗产保护与发展工作。食用菌管理局组织编制了《浙江庆元香菇生产与菇文化系统农业文化遗产保护与发展规划》；制定了《浙江庆元香菇文化系统农业文化遗产保护暂行办法》，明确了保护工作方针、内容、措施、责任主体、经费保障、奖惩机制等，做到依法有序保护。2014年成功获批进入第二批中国重要农业文化遗产名单。

2. 开展基础调查和研究

在庆元县政府的统一部署下，农业、林业、文广新局等部门全面开展香菇相关传统技艺调查工作，对香菇文化进行全面梳理，建立保护档案，采取重点保护措施，收集、抢救香菇文化材料，编印香菇历史、人物、风情、谚语、诗词、戏剧、庙会以及香菇技术、产品、加工、烹饪、功效等香菇文化系列丛书，建立了庆元县香菇系列标准，为全面实施标准化生产打好基础。庆元县还成立了专门从事食用菌育种驯化、栽培研究、良种繁育与成果推广的食用菌研究中心，并组建成立了浙江省内首个食用菌管理局，为香菇文化的传承与发展提供保障。

"中国重要农业文化遗产牌"（叶晓星/摄）

香菇文化系列丛书

3. 建立自然保护区和香菇博物馆

自然保护区是生物物种的贮备地，为保护庆元丰富的物种多样性，1985年庆元县建立了百山祖省级自然保护区，1992年经国务院批准，将龙泉凤阳山省级自然保护区和百山祖省级自然保护区合并建设，晋升为"浙江凤阳山—百山祖国家级自然保护区"。庆元县境内的百山祖国家级自然保护区为保护百山祖冷杉等濒危珍稀植物，维护区域生物多样性提供了良好的环境。

庆元县还建立了全国唯一一家以展示香菇文化为主的专业性和综合性相结合的博物馆——中国庆元香菇博物馆。在香菇专题陈列展示了

中国庆元香菇博物馆

香菇栽培程序与方式、香菇栽培历史文化、香菇生物学、食用菌科技、蕈菌标本、真菌邮票、香菇之城——庆元等15组陈列内容；还仿制了古代"剁花法"制菇的菇山场景造型和菇民生活居住的菇寮，并集中了具有很高历史价值的香菇史料。这些对于香菇文化的保护、传承与发展都发挥了重要作用。

4. 积极申报文保单位和非物质文化遗产

以香菇文化为依托，庆元县政府积极申报各级文保单位，现有国家级文物保护单位西洋殿（为祭奠香菇始祖吴三公而建），县级文物保护单位吴三公墓（含吴三公故居遗址）；同时，积极保护与香菇文化相关的遗址，包括吴三公发明"剁花法"制菇的地方——香菇湾，以及菇民采用传统香菇栽培技艺剁花法所居住的香菇寮。此外，菇民戏、菇神庙会已申报为省级非物质文化遗产名录。

5. 举办形式多样的宣传活动

文保单位——西洋殿

庆元县每年定期举办中国（庆元）香菇文化节，并且每届香菇节都会确定一个主题进行节庆活动，公开征集香菇文化节的宣传口号；申报注册了"中国香菇城"城徽和"香菇节"节徽；组织编写了介绍庆元香菇为主要内容的宣传图册，宣传香菇文化，为农业文化遗产的保护营造了有利氛围。

首届庆元香菇节开幕式及香菇城城徽

6. 积极发展生态旅游产业

庆元县开辟了香菇博物馆、香菇市场、香菇加工场、香菇标准化生产村、农场化香菇生产基地、菇神庙与古廊桥（兰溪桥）、龙岩村剁花法香菇寮和香菇文化陈列室等特色景点，开展了香菇文化景点一日游、二日游，品尝香菇（食用菌）宴，从而促进了香菇文化旅游的发展，使香菇文化和景宁少数民族风情、龙泉剑瓷文化相互映衬，形成独具特色的浙西南民俗文化圈。

（四）
保护与发展的思路与途径

1. 保护与发展的思路

（1）持续推进，积极申报GIAHS

"庆元香菇文化系统"是目前我国唯一一个以香菇为主的食用菌方

李文华院士考察庆元香菇文化系统

面的重要农业文化遗产，具有极强的行业代表性；全球37个GIAHS（全球重要农业文化遗产）中也只有日本"大分县国东半岛林—农—渔复合系统"涉及利用锯齿橡木原木进行香菇栽培，其文化内涵远不如庆元香菇，因此，"庆元香菇文化系统"积极争取入选GIAHS有着极大的优势。庆元县尽早谋划开展GIAHS申报工作，抢占先机，进一步提高了庆元香菇的国际影响力。

（2）借风借力，挖掘内涵

近几年农业文化遗产保护工作发展迅速，各遗产地各种推进措施不断更新，与政府中心工作更是紧密结合。庆元县虽然出台了中国重要农业文化遗产保护与发展规划，但力度仍显不够。庆元香菇生产涉及气候、地理、文化、民俗等相关知识，需要各领域专家给予支持，以进一步理清农业文化遗产保护工作的思路和工作重点，并对今后的农业文化遗产保护工作提出意见建议。

（3）创新方式，加强保护

　　加快争取浙江省第二批香菇小镇建设和西洋殿吴三公朝圣地建设，促进西洋殿景区与传统剁花法生产香菇展示地的有机结合，进一步将农业文化遗产保护工作落到实处。庆元香菇在业内影响力大，"庆元香菇"品牌价值连续6年蝉联中国食用菌第一品牌，但由于没有真正挖掘庆元香菇的文化内涵，在市场销售价格上并没有优势，企业对"庆元香菇"的品牌宣传、商标使用等积极性不高。将来可以尝试实施认证制度，给予能按照认证要求生产的庆元本地香菇使用统一的认证包装、标识等，以提高"庆元香菇"产品的附加值。

（4）加强宣传，营造氛围

　　中国重要农业文化遗产是农业部授予的，与社团授予的相比更具有权威性，可信度、群众认可度更高，品牌价值巨大。建议借鉴全国各地重要农业文化遗产保护与发展的先进经验，在做好"庆元香菇文化系统"遗产保护基础上，对全县农产品的包装都统一印制"来自中国重要农业文化遗产保护地产品"和全国统一的遗产地标识，借力遗产保护提升我县农产品的认知度。

（5）谋篇布局，典型示范

　　充分利用传统农业的品种资源优势、生态环境优势与传统文化优势，开展无公害、绿色食品、有机农产品和地理标志产品认证，加快生态文化型农产品开发，打造遗产地农产品品牌；加快传统农耕文化与乡村旅游等相关产业融合发展，提升产品品质，丰富产品形态，延伸产业链条，拓展农村文化产业发展空间。加强创意设计，促进特色农业文化资源与现代消费需求有效对接，拓展农业文化产业发展空间；围绕农业文化遗产、传统村落、民居遗迹、服饰歌舞和风俗礼仪的保护，积极开展各地特色农业文化创建活动，重点建设3～5个特色鲜明、优势突出的农业文化遗产保护示范点，以此带动全县遗产保护工作。

（6）优化组织，全力推进

　　以农业文化遗产保护为着力点，统筹全县的香菇产业及相关文化、旅游产业的发展，成立专门的农业文化遗产保护办公室，落实人员，安排经费，为"庆元香菇文化系统"的有效保护与科学利用提供强有力的组织保障，更好地推进农业文化遗产保护与发展工作。建立政府、菇民、企业、专家学者、媒体共同参与的多方参与机制，确定农业文化遗产的利益相关方，明确责任和使命及动态保护中的利益，并建立惠益共享机制，以此调动各利益相关方保护农业文化遗产的积极性和提高各利益相关方发展利益分配的公平性。

2. 农业生态保护途径

（1）资源收集保存

挖掘和研究全县范围内传统生态农业技术，在遗产地进行典型生态农业技术示范和推广；建设种质资源库，保存野生、引进的食用菌菌种，为食用菌繁育、研发、生产提供遗传性状稳定的优质种源；在百山祖国家级自然保护区内建立珍稀菌类保护区，开展珍稀菌类原生环境保护，为菌类种质资源保护提供环境基础。

（2）生态环境保护

建立遗产地保护区农业面源污染、生活污染监测网络，形成两年一次定期监测机制；实施沼气、太阳能等清洁能源工程，生活垃圾集中处理工程，农膜、废菌棒等农业污染集中处理工程，并逐步在全县推广；以龙岩村为核心，开展香菇原生环境保护与定位观测研究，监测人类活动对香菇生产系统的冲击，记录调控过程，为森林资源保护与合理利用、香菇产业发展以及环境建设提供理论基础。

（3）森林资源管理

根据林业部门规划，对重点生态公益林进行抚育伐或卫生伐；对生态功能低下的疏林、残次林和低效林有计划地实施改造；引导培育阔叶林后备资源，为生物多样性维持、林下经济和香菇产业发展创造良好的环境。

3. 农业文化保护途径

（1）香菇文化的普查与挖掘

加强对庆元香菇文化传承、发展与流失情况的调查，对农耕文化、民间技艺、文艺、习俗、诗词、歌谣、谚语、各种古建筑物和构

剁花斧　　　　　　第九届中国（庆元）香菇文化节开幕式

筑物等进行补漏性调查，重新认识香菇文化的价值，建立完善的保护制度。

（2）传统文化的保护与恢复

根据香菇文化普查结果，有目的地恢复有价值的民俗活动、传统香菇节庆活动；对香菇文化相关的物质文化村落、古建筑群、构筑物及农业生产设施等进行修缮和保护；系统整理剁花法相关栽培技术，适当恢复剁花法传统香菇栽培。

（3）香菇文化的宣传与普及

整理出版有关庆元香菇文化系统的系列丛书，编写农业文化遗产保护知识读本，介绍香菇文化系统保护与传承取得的成就；定期举办"中国（庆元）香菇文化节"等节庆活动，展示和传承菇神庙会、菇民戏等香菇文化；通过互联网、电视等媒体宣传提高庆元香菇在全国的知名度；定期举办香菇产业与文化发展研讨会。

（4）香菇文化的发扬与光大

根据香菇文化研究与挖掘工作，进一步搜集、研究有关香菇栽培科学、历史等方面的文物和标本，完善、更新香菇博物馆馆藏品，丰富博物馆陈列和展示内容；对于有价值的非物质文化遗产和文物，积极组织申报市级、省级乃至国家级非物质遗产和文物保护；设计建设香菇文化主题公园，打造吴三公祭典品牌。

4. 农业景观保护途径

（1）资源的普查与评价

开展全县范围内的森林景观、村落景观、农田景观、菇棚景观调查，并对各类景观的开发利用情况进行分析与评价；根据林业部门、农业部门要求，划定菇棚、农田、村落、森林维护和保护区域；设立专门机构对庆元香菇文化系统遗产地范围内的村容村貌、生态景观进行监测和监督，提高保护的针对性和长期性。

菇棚远景

（2）景观的维护与建设

根据普查结果和林业部门规划，在遗产地保护区范围内通过封山育林、林相改造，有目的地间伐、补植或多样化种植，进一步丰富香菇文化系统保护区范围内的森林景观；以多样化的种植方式和廊道结构等生物措施防治病虫害，并建设形成"天地人和"的绿色休闲农田景观；通过菇棚两边种树、定期清理棚内及周边垃圾、统一规划建设等方式，对菇棚进行绿化、美化和整洁化改造；在遗产地保护区范围内，拆除不可利用的闲置破房和违规建设房屋，通过绿化美化维护村落整体风格，重点是保持和恢复与自然景观相协调的传统古村落景观和具有地方特色的村落景观。

5. 生态产品开发途径

（1）食用菌生产基地建设与生态产品挖掘

在遗产地保护区范围内，根据庆元县食用菌产业发展规划和食用菌选址标准，积极建设有机食用菌生产基地；同时，挖掘林下多种类型的产品，包括食用菌、中草药等，研发生产种类多样的深加工产品。

百山祖香菇酱

庆元香菇广告牌

（2）龙头企业和香菇品牌建设

培育目前知名度高、基础好、品牌多、创新性强的农产品加工企业，鼓励企业采用"企业+基地""企业+合作社+农户"等发展模式，加强对农户的技术支持与监督，保障产品质量，同时带动农民致富；通过加强品牌质量的监督管理，淘汰一部分不合格的商标产品，打造和扶持10～15家质量上乘、信誉卓著的香菇产品加工龙头企业和品牌，打造"庆元香菇"名牌精品，做大做强遗产地的香菇产业。

（3）产品宣传

选择枢纽地区，打造食用菌销售集散中心，提升食用菌市场在全国的影响力，带动食用菌产业集聚发展；在电视、广播、报纸、杂志等传媒上多层次多角度开展各类香菇产品的宣传，积极参加各种农产品展览和宣传活动；通过庆元香菇网，集中展示食用菌产业基地和菇农分布信息、技术和市场信息、原辅材料信息和对外贸易信息等。

6. 休闲农业发展途径

（1）资源整合及游线设计

对遗产地范围内的旅游资源进行普查，建立区域旅游资源数据库；整合香菇文化系统的自然景观、人文景观、农业景观等优势资源，以香菇文化为主题，设计满足游客吃、住、行、游、购、娱等需求的各具特色的旅游路线。

（2）休闲农业产品开发

从观光、度假、科学考察、休闲避暑、深度体验等各个层面，全方位考虑，进行休闲农业产品的开发。总体思路是依托原始香菇生产地景观特色，加速观光产品升级；依托资源优势，大力发展自然山水游乐旅游；依托周边县市客源，大力发展休闲度假旅游；依托香菇民俗文化，深度开发文化旅游。其中，以遗产地保护为核心的香菇文化旅游开发是重点。同时，修建或完善现有道路系统，形成旅游交通道路网络。

附录

浙江庆元香菇文化系统

旅游资讯

浙江西南绿谷深处的庆元县，山水神秀，气候宜人，人文鼎盛，驰誉江南。深邃清幽的东部高原，藏珍蕴秀，风光绮丽。云海日出天下景，冰瀑奇观世间稀；百丈漈头抛碎玉，巾子峰前落彩虹。虎啸山岗，冷杉倩影，生态乐园美名留。更有香菇文明播四海，廊桥遗梦贯古今，千年犹存进士第，气凌东南第一村。庆元，这里有着其他地方无法复制的自然与人文景观资源。

（一）
庆元概况

庆元县地处浙江省西南部，北与本省龙泉市、景宁畲族自治县相邻，东、西、南分别与福建省寿宁、政和、松溪三县接壤，总面积1 898平方千米。始置于南宋宁宗庆元三年（1197年），至今历800余年。全县辖3个街道6镇10乡，总人口20多万，包括畲族、蒙古族等17个少数民族。庆元的特点可以用"一县、一城、一区、一乡"来概括，即"中国生态环境第一县""中国香菇城""历史文化保护区"和"中国廊桥之乡"。近年来，历届县委、县政府坚持"生态立县、工业强县、开放兴县"战略，在广大干部群众的共同努力下，经济社会各项事业取得了长足的发展。目前，庆元县委、县政府正以"北承长三角、南接海西区、当好桥头堡"的对外开放新格局不断绽放新的活力。

● 中国生态环境第一县

庆元县土地面积189 800公顷，其中林业用地163 666.7公顷，占总面积的86.2%，农业耕地10 760公顷，占5.7%，溪流水域2 733.2公顷，占1.4%，房屋、道路及其他用地12 640公顷，占6.7%，俗称"九山半水半分田"。北部、东部为洞宫山脉，山间盆地相对高度海拔600～800米，斋郎村海拔1 210米，是全县最高居民点；主峰百山祖，海拔1 875米，为浙江省第二高峰。西南部和中部，是仙霞岭—枫岭余脉，山间盆地相对高度海拔330～660米，新窑村海拔240米，为全县最低点。主要河流有松源溪、安溪、竹口溪、南阳溪、左溪、西溪、八炉溪7条。拥有庆元林场、营林公司、产业公司等国有林场和一批乡（镇）、村集体林场；各地还营建菇木专用林基地、造纸专用林基地，竹笋、柑橘、锥栗、厚朴、山苍子等经济林基地。全县16万余公顷山林有森林蓄积量600多万立方米，立竹量4 000多万株。森林覆盖面达82.4%，是浙江省8个林业重点县之一。

由于这里地貌多样，小气候条件优越，气候温和，冬暖夏凉，是理想的避暑天堂；这里生态系统完好，物种资源丰富，森林茂密，森林覆盖率达82.6%，境内珍稀动植物资源十分丰富，是世界最濒危动物华南虎和百山祖冷杉栖息地，是物种资源的"基因库"，是珍稀动植物的"天然博物馆"，被誉为华东地区最大的"天然氧吧"，是"清肺"的好去处，养生的乐土；这里风光绮丽，山水神秀，拥有百山祖、巾子峰、百丈岩、双苗尖、高山湿地、高山草甸等风景名胜区。2004年，国家环境监测总站的《生态环境质量研究报告》中，庆元的生态环境质量居全国2 348个县（市）榜首，成为名副其实的"中国生态环境第一县"。

百山祖之心（钟黎明/摄）

● 中国廊桥之乡

庆元廊桥以数量最多、时间最早、级别最高、造型最好而在浙闽廊桥中占有突出地位。千年古桥，岁月悠悠，时光的风雨洗尽铅华，却洗不尽传承千载的廊桥遗韵。庆元廊桥集山、水、屋、桥于一体，既美观实用，又有深沉的民俗文化渊源，不仅是古代劳动人民智慧

廊桥——兰溪桥

的结晶，更是古典建筑艺术中的奇葩。人们在惊叹自然造化与巧匠神工之余，又能激起缕缕思古之幽。据庆元县志载，庆元原有230余座廊桥，2004年廊桥普查时尚有98座，其中木拱廊桥22座。

从建筑学的角度看，庆元廊桥融传统楼台轩榭的建筑风格和造桥技术于一体，廊屋部分檐牙高啄，钩心斗角，桥身则单孔横跨，缺月欲圆；从视觉的角度看，廊桥之美还在于山水之胜，在深山清幽之所，在绿树掩映之间，一座阁楼高耸的廊桥忽然映入眼帘，让人有如入蓬莱仙境的感觉。水为山之魂，水为桥之侣，桥下或碧水潺潺，或深潭如镜，或猛浪奔岩，远远望去，整座廊桥如长虹卧波，又似蛟龙出水，与周围的山水构成一幅优美的天然画卷；从廊桥的用途看，有的用于村庄拦护风水，有的作为善举的凭证，有的用于交通。不管其用途怎样，由于历史久远，每当登临时，总会临风怀想，感慨良多，你会想到多少个风清月朗之时，青年男女待月西厢，在廊桥中幽会；你会想到多少次少妇送郎，依依惜别，留下许多深闺春怨；还有挑夫健妇的足迹及落魄书生和失意商人的身影。

● 中国香菇城

庆元县是世界人工栽培香菇的发祥地，拥有"世界香菇之源""中国香菇城"等美誉，1995年被国务院发展研究中心授予"世界人工栽培香菇历史最早""全国最大的香菇生产地和集散地"两项"中华之最"称号。食用菌是庆元的传统产业和支柱产业，具有最广泛的群众基础和坚实的技术力量。随着庆元吴克甸研究人造菇木露地栽培技术获得成

功，香菇产业发展迎来新的高潮。庆元建起了全国最大的香菇市场，成为全国最大的香菇流通集散地。目前，庆元县食用菌产业链不断延伸、呈现出明显的区域特色体系，常年产量基本稳定，初级市场稳定；形成了一定规模的

食用菌基地（曾华/摄）

食用菌加工企业集群，以及由低至高多层次结构的产业链。

庆元境内的历史遗存，无一不透射出庆元香菇的文化内涵和人文魅力，独特而厚重的香菇文化，已深深植入每一位菇乡儿女的血脉之中。庆元菇民信奉吴三公为菇神，在离县城20千米处有中国最大的菇神庙——西洋殿，由庆元、龙泉、景宁三县菇民集资建成，专门祭祀吴三公。庆元菇民通过村落的集体活动、祭祀与节庆，依照传统或经验形成共同的思维与行为方式，使得文化得以延续。

（二）
旅游景观

庆元县山清水秀，环境优美，风光旖旎，气候宜人。全境山岭连绵，群峰起伏，地势自东北向西南倾斜，自然景观丰富多样。境内有以高山动植物生态景观为特色，峭峻挺拔，气势雄伟的百山祖国家级自然保护区；山高林密，祥云缭绕的巾子峰国家级森林公园；还有高原奇观——双苗尖、大济进士村、古廊桥之乡月山村等，是旅游观光、休闲度假、避暑采风的好去处。

1. 自然景观

● 养心山水间，情醉百山祖（国家4A级旅游景区）

百山祖主峰1 856.7米，有"百山之祖"美誉，是国家级自然保护区，中国最佳生态文化休闲旅游目的地，全国摄影创作基地，浙江省生态旅游示范区。景区由综合接待区、高山风情小镇、低碳体验区、神秘百瀑沟、印象百山祖和古道杜鹃谷六大区块构成，集山、水、林、瀑、潭为一体，主打"全国低碳旅游示范景区"特色品牌，把低碳理念充分渗透到景区的开发建设中。景区内森林覆盖率高达91.6%，空气中负氧离子含量高达20.04万个/立方厘米，

百山祖冷杉

是一个天然大氧吧。盛夏无暑，莽林翠松，飞瀑碧潭，鸟语花香，环境幽雅，堪称人间仙境。登百山之祖，寻三江之源，闻华南虎啸，赏绝世冷杉，访香菇始祖，踏红色之旅。

● "林浴"胜地——巾子峰（国家级森林公园）

巾子峰森林公园距庆元县城17千米，总面积5 751.8公顷。该公园位于福建武夷山、浙江雁荡山两大跨省域国家级风景名胜区中间核心地带，拥有可观两省三县的海拔1 561米的巾子峰，有连片面积在万亩以上的天然阔叶林、黄山松林，旅游资源丰富，自然生态条件优越，森林景观特色鲜明，保存多种极度濒危动植物资源，千岗峡更是胜景叠出，美不胜收。森林公园冬无严寒，夏无酷暑，是优良的森林浴场，

巾子峰森林景观

是理想的避暑胜地，也是集休闲观光、度假养生、科普教育于一体的生态旅游胜地，让你真实地感受到庆元的空气有点"甜"。

● 高原奇观——双苗尖

双苗尖风景区位于庆元县东部，距县城90千米，主峰海拔1 626米，以高山草甸、高山奇石、高山湿地而闻名。景区内高山草甸宽阔丰茂，红白杜鹃漫山遍野，天然奇石形态各异，山涧溪水清澈见底，石阶古道翠色掩映，步移景异，让人目不暇接，是各类动物活动及植物生长的天堂。春夏之交，这里百花齐放，百鸟争鸣，一片宽阔、平坦的高山草甸，一如那遥远的蒙古草原。

双苗尖牛群（郑承春/摄）

双苗尖石头（姚家飞/摄）

● 红色革命胜地——龙头山

　　龙头山又名鸾峰山，位于庆元县城西北边陲，距县城62千米，海拔1 348.9米。龙头山景区翠竹如云，风光秀丽，动植物资源丰富。特别是到了春天，漫山遍野的竹笋破土而出，百里竹海，奇峰耸立，山花烂漫，吸引了大批游客纷至沓来。龙头山顶上的庙宇又名"峦峰仙府"，建于南宋景炎年间，至今有720多年历史。高庙不远处有一块国务院于1999年竖立的浙闽两省界碑。据《庆元县志》记载：龙头山"山峰峭立，为浙闽诸山之源"。站在此处远眺，龙头山雄居群山之首，庆元、龙泉、松溪、浦城四县尽收眼底，正是"一山连四县，半步跨两省"。龙头山也是红色革命胜地，山下的崔上村是中共闽浙边地委驻地，每年5月，山顶连片的红杜鹃，红如烈火，紫若明霞，似乎在追忆那烽火连天的革命岁月。

龙头山

● 高山湿地平顶湖——上洋湖

　　上洋湖位于荷地镇苏湖村境内，海拔1 411米的长塔尖下，属高山湿地平顶湖，湖广13 000多平方米，终年不涸，四面青山怀抱，一泓碧波如镜，故称"不尽仙水天上来"。据民国《庆元县志》载："上洋湖古有庵，名曰上洋湖，相传和尚得道于此。造庵时前往邻邑募木料，届时木自湖中浮出，匠告木料已足、遂止。

上洋湖

2. 人文景观

● 三朝文化——大济进士村

大济省级历史文化保护区位于庆元县城东南2千米，2011年公布为浙江历史名村，是菇乡文化中的一本活教科书。在宋朝短短的230多年间，陆续出现了26名进士，全村涉足仕途者100余人，故有"进士村"美誉。大济人文荟萃，文物众多，特别是散布村中的古廊桥、古牌坊、古庙祠、古驿道、古地道、古民居、古亭、古井、古墓等，构成了一幅千年古村的历史奇观。

大济进士村

大济古民居

● 古廊桥之乡——月山村

月山村位于县城以东57千米，境内峰峦叠障，山川景色秀丽清幽。因村后山形如半月，村前溪水曲似银钩，村庄坐落其间，如同山环水抱的一轮圆月，故名月山村，又有"举溪八景"和"二里十桥"之美誉，是浙江的千年古村。月山村现存有如龙桥、来凤桥、步蟾桥、白云桥、秆谷桥五座古廊桥，座座造型古朴优美，重檐飞翘，气势轩宏，足见当时人文鼎盛。一台由月山村民自编、自导、自演的，比央视春晚历史还早两年的春节联欢晚会，已持续演了30年，如今被誉为"中国最山寨的春晚"。

月山古村落

如龙桥

月山春晚

● 菇神之源——龙岩村

　　龙岩村——中华香菇文化第一村，位于庆元、龙泉、景宁三县相交处，可谓"鸡鸣三县"，与三县县城距离分别为60～70千米，正在江浙二省最高峰——凤阳山和百山祖国家级自然保护区之间。龙岩村小小山村，四周环以参天古树，潺潺流水自村中而过，景色秀丽，居民朴实好客。上百户人家95%以上姓吴，世代均以生产香菇为生。村口建有一座

龙岩村全景

龙岩村吴三公祠

吴三公祠，祠边的香菇诗词碑廊，刻有历史上诸多学者、诗人、官员歌颂或记述香菇的石碑十余块；村中有一座香菇历史文物展示室，数百年来菇民之生活和生产工具，租山文契等陈列其中；山坡上还建有延续千年的砍花法菇寮。走进龙岩，仿佛进入菇的历史与菇的世界。

● 红色革命村——斋郎村

斋郎村地处浙西南庆元县东北，位于江浙第二高峰百山祖国家级自然保护区主峰东侧，是庆元、龙泉、景宁三县市交界处的交汇点，海拔

斋郎村

1 250米，是浙江省海拔最高的行政村之一。村子四面环山，风光秀丽。村庄里绿树成荫，全村现有300百年以上树龄的古树100多株，是名副其实的古树村。

● **全国最大的菇神庙——西洋殿**

西洋殿又名松源殿、吴判府殿，坐落于五大堡乡西洋村松源溪畔，系古代菇民为纪念香菇始祖吴三公而建的纪念性建筑。始建于宋咸淳元年（1265年），几经变迁，于清光绪元年（1875年）由庆元、龙泉、景宁三县菇民集资重建。1997年公布为浙江省第四批省级文物保护单位。西洋殿与浙江省重点文物保护单位"兰溪桥"珠联璧合，较好地展示了庆元的香菇文化和廊桥文化。

西洋殿建筑雕梁画栋，飞檐翘角，雕刻、泥塑、彩绘等传统工艺精湛，融工程与艺术于一体，在结构功能和装饰手法上有着浓厚的建筑风格，具有重要的历史、艺术、科学价值。历代菇民把每年农历三月十七（吴三公生日）和七月十六至十九定为龙泉、庆元、景宁三县菇民朝拜祀奉"菇神"的进香期，每到此时，诸方山货、食品云集于此，百货摊位林立，成为远近物流中心，此外还举行戏剧会演，宣扬菇乡文化。近年来随着香菇文化的发展，各方人士慕名前来朝拜，现今的西洋殿已是"香菇之源"的象征，在庆元众多的人文景观中，独放异彩。

菇神庙西洋殿（姚家飞/摄）

● 全国最早创建的香菇专题博物馆——中国庆元香菇博物馆

　　中国庆元香菇博物馆建于1997年，是全国最早创建的香菇专题博物馆。为深入挖掘、弘扬香菇文化，2010年庆元县委、县政府将香菇博物馆迁建新址，并于12月11日第八届中国庆元香菇文化节期间正式开馆。新馆坐落于县城生态公园内，总建筑面积2 380平方米，是一家以展示香菇历史文化和产业发展为主题的专业性和综合性相结合的博物馆，馆藏内容丰富，陈列形式新颖，集收藏、展陈、宣传、科普、教育以及研究于一体，共设香菇之源、香菇之路、香菇之韵、香菇之问、香菇之歌五个单元和一个临时展厅。通过珍贵的历史文物、菇山生产场景复原及多媒体互动、幻影成像等高科技手段，全方位、多角度展示了香菇文化的源远流长，香菇产业的绚丽辉煌，成为国内菌类博物馆中的一朵奇葩。

中国庆元香菇博物馆

（三）
推荐线路

1. 文化游线路

● 香菇文化体验游

线路设定：

一日游：庆元香菇博物馆→香菇市场→大济进士村→西洋殿、兰溪桥→百山祖乡车根村。

二日游：百山祖乡龙岩村→吴三公祠→香菇文化陈列馆。

行程亮点：庆元是世界人工栽培香菇的发源地，是全国最大的食用菌生产和销售集散地，素有"中国香菇城"之称。此行程中可以探寻香菇发源地，感受"香溢菇棚笑语轻，山珍撷就满筐盈"的菇民采菇时的情景；可以品味营养丰富、风味独特，素有"诸菌之冠，蔬菜之魁"美称的"山珍"——香菇。

● 廊桥文化体验游

线路设定：

一日游：后坑桥→咏归桥→双门桥→兰溪桥。

二日游：如龙桥→来凤桥→白云桥→步蟾桥。

行程亮点：庆元廊桥不但具有全国数量最多、历史最悠久、历史沿革最具连贯性的特点，而且全国现存寿命最长、单孔廊屋最长、单孔跨度最大的木拱桥均在庆元境内，堪称当世一绝。行程中可以跟随溪流，逐溪而上，感受镶嵌于群山之间，无声无息，如梦似幻的廊桥，品味廊桥与青山绿水构成的一幅幅精美画卷。

2. 生态游线路

● **百山祖生态体验游**

线路设定：

一日游：庆元县→西洋殿、兰溪桥→百山祖动植物陈列馆→百瀑沟景区→百山祖冷杉→百山祖云海日出。

二日游：百山祖乡龙岩村→茶木淤原始森林→三井溪。

行程亮点：百山祖国家级自然保护区被称为"天然珍稀动植物园""华东古老植物的摇篮""华东最大的山村生态旅游区"。区内群峦叠嶂，峰岭逶迤，风光绮丽，气象万千。独特的地形和水文地理环境形成了中亚热带气候区中一个特殊的区域，走进百山祖的怀抱，可以体会山水神秀、海日出出、梅岙夜月、百山祖冷杉，更是休假避暑的天堂。

● **巾子峰生态体验游**

线路设定：

龙源谷景区→留步听泉→森林浴道→藤蔓秋千→古树玉石→五龙瀑 息心亭→神龟祈福→彩蝶和泉→透云谷→龙须瀑→淑女瀑→梅林果香。

行程亮点：巾子峰拥有可观两省三县的海拔1 561米的巾子峰、有丽水十大峡谷之一的"千岗峡"、有"濛洲八景"之一的"巾子祥云"，还有省内罕见的万亩天然次生阔叶林带，旅游资源丰富，自然生态条件优越。穿行于巾子峰可感受繁茂葱郁的森林植被，美不胜收的溪谷瀑潭，诡异俊伟的奇峰绝壁，具有"幽、秀、雄、奇、古"的一幅幅意趣横生的优美画卷。

3. 古村游线路

● **月山古村体验游**

线路设定：庆元县→举水月山村→吴文简祠→如龙桥→来风桥→步蟾桥→白云桥→云泉寺月山村→虎胜奇岩→后坑冰臼群。

行程亮点：月山村后山形如半月，村前溪水曲似银钩，村庄坐落其间，如同山环水抱的一轮圆月，故名月山。置身其中可体会"小桥、流水、人家"那恬然而优美的画卷，恍若人间仙境。还可欣赏全国木拱廊桥中唯一的国家级文物保护单位如龙桥、省级文物保护单位吴文简祠以及县级文物保护单位来凤桥、步蟾桥、白云桥。并有耕坑桥、云泉寺、华光庙、马仙宫、圣旨门、荐元塔、复旦亭、望月亭等名胜古迹，品味"举溪八景""二里十桥"的壮观。

（四）
旅游时节

庆元县属亚热带季风气候，年平均气温17.6℃，最热月（7月）平均气温26.9℃，最冷月（1月）平均气温7℃。山区气温的垂直差异性使这里冬无严寒，夏无酷暑，温暖湿润，四季分明，全年均适合旅游。

庆元每年7～8月暑期时节，气候凉爽，生态环境良好，是避暑度假的好时节；而在每年的10～12月香菇收获季节，又是品尝香菇美食、参与香菇文化旅游的最佳时节，可以参加"菇乡谣"原生态风情歌舞晚会，摄影、食用菌展销会，民俗文化活动等多种形式的文化体验。

小贴士：各个时节旅游时都建议带上小外套，山区早晚温差较大

（五）
标签饮食

● 黄粿

　　黄粿又名黄馃或黄米粿，是庆元县民间极富特色的传统食品，传说能吃上黄粿表示本年的丰收，预示着来年的希望。

● 百菇宴

　　百菇宴以食用菌及野味为主料，采用炸、熘、爆炒、熏炖、烩蒸等多种手法，兼具200多种味道，精品纷呈，口感、色香、味形均臻上乘，有清淡宜人之南味，兼有鲜香咸辣之北味，适应当今美食追求绿色食品之风尚，极具营养保健之功效，为庆元县首创的特色菜肴。

百菇宴

舂黄粿

● 麻糍

麻糍又叫糍粑，是用江米、黄豆、芝麻、白糖为原料加工的一种风味食品，是庆元等县菇民特色食品。集香、软、糯、甜等多种口味于一体，是一种传统小吃。糯米经水浸透，入蒸笼蒸熟，再经舂制而成，形如圆饼状，外黏甜豆粉，味甜香，咬劲足。

打麻糍

● 乌饭

《本草纲目》载称："摘取南烛树叶捣碎，浸水取汁，蒸煮粳米或糯米，成乌色之饭，久服能轻身明目，黑发驻颜，益气力而延年不衰。"

● 庆元烧梅

在庆元农村，宴席上有一种点心必不可少，那就是"烧梅"。烧梅是用番薯粉和以猪油、白糖做成的。先将番薯粉炒熟盛锅，撒上白糖，再加入纯猪油和匀，再用力捏成小圆团，装盘蒸熟即食。烧梅的形状像梅子，这也是名称的由来。烧梅蒸熟后表面形成一层透明薄膜，光溜圆滑，里面则又酥又软，香甜可口，是庆元特有的风土名点。

乌饭

庆元烧梅

（六）
地方特产

● 庆元香菇

  自香菇始祖吴三公在龙岩村发明剁花法生产香菇以来，种菇技术代代相传。庆元出产的香菇鲜艳富有光泽，菌褶密厚，菌柄粗短柔软，菇体均匀干燥。

● 庆元茶叶

  庆元茶叶有绿茶、红茶两种，明、清季曾作贡品进京。历史上最高年产量（民国35年）达100吨，茶园面积360公顷。此后茶园荒芜，至1949年产量仅23吨。新中国成立后，茶叶生产得到恢复和发展。庆元茶场创制的"碧玉春"曾以其色泽鲜翠，味香甘爽而获浙江省一类名茶奖。

庆元香菇

庆元茶叶

● 庆元笋干

庆元笋干有明笋干、乌笋干、笋丝、笋片之分，以明笋干最为著名。

庆元笋干

庆元灰树花

● 灰树花

灰树花，俗称栗蘑，是食药兼用蕈菌，其外观婀娜多姿、层叠似菊；其气味清香四溢，沁人心脾；其肉质脆嫩爽口，百吃不厌；其营养具有很好的保健作用和很高的药用价值。

● 龙须菜

龙须菜是庆元一带的特产，列浙南酒宴四大冷盘之首，风味独特，香脆鲜美，具有一定的减肥保健作用。到目前为止，尚无人工栽培记载，属纯野生苔藓植物。产于高寒、险峻的森林及岩壁地带，采集难度大，全用手工采集挑选。龙须菜最适宜冷盘用，配料可加糖、醋和少许姜丝。中医认为龙须菜还具有清热、化痰、凉肝、止血功能。

龙须菜

庆元甜橘柚

● 庆元甜橘柚

该品种具有好种、好吃、好卖三大优势，深受果农和消费者喜爱；该品种比较适宜各柑橘产区种植，综合性状表现良好。树姿开张，树势较强，果实扁圆形，紧实，果梗部略呈球形，果顶部平坦，果皮橙黄色，果面不太光滑，剥皮略难，同胡柚相近，果肉橙黄色，柔软多汁，清口，有橘和柚香气。

（七）
交通情况

庆元县境内主要以公路交通为主。杭州进杭金衢高速公路，至金华转金丽温高速，至丽水转丽龙高速，到龙泉走G25长深高速公路龙庆段至庆元县城；温州进金丽温高速至丽水，转丽龙高速到龙泉，转G25长深高速公路龙庆段至庆元县城；福州进福南高速公路至南平进入二级公路至政和二级公路到庆元；景宁县三级公路到交溪口到左溪镇到庆元；福建省寿宁四级公路经岭头到庆元。

● 庆元县旅游集散中心

庆元县旅游集散中心是一家集国内外组团旅游、旅游景点公交、旅游产品和商品展示、旅游咨询服务、代订机票酒店、出租旅游车、提供景点导游等一体的"旅游超市"，是庆元县最大的团队旅游、散客旅游、自驾旅游、自助旅游的集散地，为旅客提供吃、住、行、游、购、娱等全方位的旅游产品和服务。

电话：0578-6218888　传真：0578-6218888

地址：庆元县大济路166号新车站一楼

● 县内交通

庆云县内交通以人力三轮、出租车和公交车为主。

三轮车：起步价2元/人；

出租车：县城内5元，城郊10～15元；

公交车：1元/人。

旅游景区公交专线：大济进士村→巾子峰景区（早班8：00，末班14：30）；

县城1路公交车：汽车站（旅游集散中心）→石龙街口→石龙市场→农业银行→二中→人武部→青少年宫→生态公园（香菇博物馆）→城镇派出所→江滨小学（早班6：00，末班21：00）。

附录2　大事记

1130年：吴三公（吴昱）出生于浙江省庆元县百山祖镇龙岩村，发明剁花法人工栽培香菇技术。

1197年：南宋庆元三年，置庆元县。

1209年：宋嘉定二年，何澹撰写的《龙泉县志》，首次记载人工栽培香菇之法。

1313年：王祯撰写《农书·菌子》篇，详述香菇栽培方法，与庆元菇民剁花法栽培香菇之法吻合。

1328年：元代中医吴瑞最早认识香菇的药用价值：益气不肌，治风破血。

1499年：明弘治七年前，陆容撰写《菽园杂记》刊行，书中引用宋嘉定二年何澹关于人工栽培香菇的记述。

1562—1633年：明万历进士徐光启撰写《农政全书》，记述香菇引用的文献材料为"农桑通决曰：取向阴地，择其所宜木枫楮栲等树伐倒，用斧碎砍成坎，以土复压之。经年树朽，以蕈碎锉，均布坎内谓之惊蕈"。

1738年：清乾隆三年，二都西洋村菇民重建吴判府庙。

1875年：清光绪元年，龙、庆、景三县菇民合资重建松源殿，即今现存之殿宇。殿中留有民间传说："朱皇亲封龙庆景，国师讨来做香菇。"

1923年：龙泉徐同福堂石印叶耀庭撰写的《菰业备要》刊行，介绍了砍花种菇的区域、树种、经营等菇帮秘事。

1933年：毛泽东著《必须注意经济工作》一文中号召要恢复苏区

传统香菇生产。

1939年：龙泉李师颐撰写的《改良段木种菇术》出版，李氏并建立香菇菌种繁殖场，利用孢子粉人工接种栽培香菇。

1947年：庆元县民国时期最后一任县长陈国钧撰写《菇民研究》记载了菇民的定义、菇的种类和名称、做菇的秘法、菇的用途和销路、菇业的经营和改进等内容。

1951年：6月23日，庆元县长田烈签发《关于在外菇民发展香菇生产的意见》。

1952年：10月10～13日，庆元县农民协会召开第一次菇民代表大会。

裘维蕃著《中国食用菌及其栽培》一书出版，首次全面介绍了我国香菇的人工栽培技术。

1954年：11月1～5日庆元县干部大会上，县委书记赵文祥对香菇生产提出"积极转业，逐步压缩"的方针。

1956年：菇民协会改为菇民委员会。

1958年：赴福建省商业厅参加全国香菇人工栽培观摩大会。同年引进了香菇、草菇等菌种。

1966年：由于"文化大革命"的影响，菇民委员会的组织不宣而散。

1967年：吴克甸、姚传榕首次用木屑栽培香菇成功，首次利用菌种栽培香菇、白木耳成功。

1975年：庆元复县后，迅速成立了驻闽香菇生产办事处。

1979年：庆元县政府批准成立县科委资源利用实验厂，恢复和发展香菇生产。

10月9～11日，庆元县农协召开香菇生产会议。

10月30日，庆元县委书记毛留荣在全县四级干部大会上提出恢复和发展香菇生产的意见。

1980年：庆元县科委余绪编写的《新法制菇》出版，该书比较全面地介绍了庆元香菇的栽培历史，生产条件，菌种培养，香菇栽培和加工方法。

1981年：11月10日，庆元县召开菇民代表座谈会，会后派出30多名干部赴闽、赣等省有关地县设立菇民办事处（组），加强对香菇生产的领导。

1982年：9月16~17日，庆元县召开第二次菇民代表大会，正式成立庆元县菇民委员会。

1984年：庆元县委书记徐仁俊在全县第六次党代表会上为香菇正名，提出"庆元香菇万岁"的口号以及积极发展香菇生产的意见。

龙泉张寿橙撰写《就王祯〈农书·菌子〉篇论龙、庆、景为世界香菇栽培发源地》发表，该文提出龙泉、庆元、景宁为世界香菇栽培发源地论断。

4月13日，庆元县食用菌协会成立。

9月16~18日，庆元县召开第三次菇民代表大会，菇民委员会改称为香菇生产者协会。

1985年：徐传珍撰写《香菇生产与科学技术》发表在《庆元科技》1985年第1期，论文提出庆元是世界香菇生产的发源地的论断。

12月，庆元县政协召开讨论会，提出大力推广木屑制菇，开辟和建立新的生产基地，积极营造和扶育菇木林，加强科研体系和组织技术攻关，建立专门机构和加强组织领导5条建议。

1986年：1月，庆元县派人前往福建古田参观，学习人造菇木露地栽培香菇经验，并向县委、政府提交了"找到了振兴庆元食用菌生产的好路子"的考察报告，得到县委的肯定，当年发展149万袋。

6月，庆元人造菇木露地栽培香菇被列为国家级"星火计划"。

1987年：庆元县委决定成立县食用菌生产领导小组，并设办公室。县食用菌研究所成立，由食用菌研究所完成的《食用菌菌种选育及其栽培配套技术研究》荣获农业部科技进步二等奖。

1988年：《人造菇木露地栽培技术推广技术》获全国农牧渔业部"丰收奖"，《人造菇木露地香菇与气象关系》荣获省气象科技进步三等奖。庆元县政府批准农业局成立食用菌菌种、管理站；庆元县食用菌开发公司成立；庆元县香菇生产供销公司成立；庆元县食用菌罐头厂成立。

1989年：3月26~29日，联合国专家、国际热带地区菇类学会主席张树庭教授访问庆元，并题词"香菇之源"。

9月8日，庆元县召开第四次菇民代表大会。

1990年：10月起，庆元县人民政府正式发文建立香菇生产发展基金会。

12月，叶明长主编的《庆元香菇》一书由庆元县农村经济委员会发行。

浙江电影制片厂拍摄纪录片《香菇之源》，全面介绍庆元香菇的发展历程及可喜前景。

1991年：7月，庆元县政协在岭头举办人造菇木栽培花菇技术培训班。

1992年：1月11～12日在县城举办庆元首届香菇节。

11月19日庆元香菇市场被评为全国文明集贸市场。

1993年：6月21日，浙江经济报第三十八版刊登了"庆元中国香菇城"的广告，中共庆元县委书记谢力群、县长单天成具体介绍了"香菇产量全国第一，香菇销量全国第一，香菇质量全国第一，香菇生产历史世界最早"。

11月1～2日，庆元县举办第二届香菇节暨复县二十周年盛大庆典活动。

1994年：6月14日，庆元香菇荣获第五届亚太国际贸易博览会金奖。

7月16～17日，庆元县委九届五次全会提出加强中国香菇城系统工程建设若干意见。

10月17日，日本大分县食用菌研究指导所长古川久彦博士、鸟取大学博士古冢秀夫来庆元进行食用菌调查研究。

11月1～3日，国际香菇生产暨产品研讨会在庆元县城隆重召开。

庆元县食用菌科研所选育的241-4香菇新菌株，获浙江省科技进步二等奖。

1995年：11月1日，庆元县成功举办了第四届香菇节暨全县体育运动会。

11月，庆元县被国务院发展研究中心市场经济研究所确认为"世界人工栽培香菇历史最早""全国最大的香菇产地和集散地"，并载入《中华之最荣誉大典》。

庆元县人造菇木栽培花菇研究成果获地区科学技术进步一等奖。庆元县食用菌科研中心被全国食用菌协会授予"全国食用菌行业先进科研单位"。庆元县食用菌科研所被浙江省委、省政府授予"浙江省模范集体"称号。

1996年：1月31日，庆元香菇市场再度被国家工商局授予"1993—1995年全国文明市场"称号。

3月，国务院发展研究中心农村发展研究部、中国农学会特产经济专业委员会、中国特产报社联合授予浙江庆元县为"中国香菇之乡"称号。

由庆元县食用菌研究所完成的"袋料栽培花菇技术研究"项目获浙江省农业技术改进一等奖，获浙江省科技进步二等奖。

1997年：8月，中国食用菌协会授予庆元县荷地镇、岭头乡、县食用菌科研中心为"全国食用菌行业先进集体"。

10月30日，庆元县食用菌科研中心被国家科委授予"全国先进集体"。

庆元香菇市场被中国食用菌协会授予"全国先进市场"。

1998年：12月5～8日，中央电视台经济频道星火科技栏目组来庆元拍摄星火科教片——"食用菌后备资源培育开发技术"专题片。

12月21日，中国庆元香菇博物馆开馆并对外开放，成为全国最早创建的香菇专题博物馆。

2002年：国家质量监督检验检疫总局通过对庆元香菇原产地域保护申请的审查，批准自2002年6月12日起，对庆元香菇实施原产地域产品保护。庆元香菇市场被评为市2001—2002年度消费者信得过单位和省第五届消费者信得过单位。

2003年：11月18日，国家标准化管理委员会确定"庆元香菇（干菇）标准化栽培示范区"为第四批全国农业标准化示范项目。

12月14日，国家攻关项目"代料香菇新资源开发和病虫害防治研究"通过浙江省科技厅专家鉴定验收。

2004年：8月23日，《华南虎》特种邮票首发式暨第五届中国香菇文化节在庆元隆重举行。"庆元香菇"文字和图案证明商标被国家工商行政管理总局商标局批准注册。

2005年：11月10～13日，庆元县成功举办第六届香菇节暨全国食用菌主产区县（市）长论坛活动。首次举行香菇鼻祖吴三公公祭典礼。《香菇文化》系列丛书出版。

2007年：庆元县被浙江省政府认定为"农业特色优势产业食用菌强县"。

2008年：11月10～11日，庆元县举行第七届香菇节暨"中国廊桥之乡"授牌仪式。

2009年：组建全省首个食用菌管理局。获全国食用菌行业特殊贡献奖，入选全国"小蘑菇新农村建设"十强县。"庆元香菇"跻身中国农产品区域公用品牌前八强，名列全国食用菌类品牌首位，品牌价值43.2亿元。

2010年：中国庆元香菇博物馆改迁新址。庆元县被中国食用菌协会命名为"中国食用菌产业基地（浙江庆元）"。

2011年："庆元香菇"入选"2011消费者最喜爱的中国农产品区域公用品牌"。中国（庆元）香菇节入选浙江省最具影响力十大农事节庆。成功举办第二届食用菌美食节、海峡两岸香菇文化交流座谈会、香菇鼻祖吴三公祭拜典礼暨恭请仪式等活动。

2012年："庆元香菇"获2012最具影响力中国农产品区域公用品牌。建立李玉院士、张齐生院士工作站。建设食用菌菌棒工厂化生产项目38个，建成全省最大的食用菌工厂化基地——赤坑洋示范基地。百山祖景区成功创建国家AAAA旅游景区。

2013年："庆元香菇"成功申报中国驰名商标。渤海商品交易所香菇、木耳上市平台落户庆元，香菇、木耳正式在渤商所上市交易。成功举办第九届中国（庆元）香菇文化节。

2014年："寻梦菇乡、养生庆元"县域商标获国家工商总局注册批复。"庆元香菇"获丽水市唯一"浙江区域名牌农产品"称号，"庆元灰树花"获国家农产品地理标志认证。"浙江庆元香菇文化系统"入选中国重要农业文化遗产，并成功入选2014年度中国食用菌行业十件大事。李玉院士工作站入选浙江省省级院士工作站。

2015年：1月20日，庆元县举行新香菇市场开业启幕仪式，中国食用菌协会香菇分会年度会议在庆元县召开。

8月28日，庆元县2015香菇始祖吴三公朝圣暨"民间民俗、多彩浙江"主题文化活动开幕式举行。

10月11日，全球重要农业文化遗产指导委员会主席李文华院士一行到庆元考察"浙江庆元香菇文化系统"。

附录3 全球／中国重要农业文化遗产名录

1. 全球重要农业文化遗产

2002年，联合国粮农组织（FAO）发起了全球重要农业文化遗产（Globally Important Agricultural Heritage Systems, GIAHS）保护项目，旨在建立全球重要农业文化遗产及其有关的景观、生物多样性、知识和文化保护体系，并在世界范围内得到认可与保护，使之成为可持续管理的基础。

按照FAO的定义，GIAHS是"农村与其所处环境长期协同进化和动态适应下所形成的独特的土地利用系统和农业景观，这些系统与景观具有丰富的生物多样性，而且可以满足当地社会经济与文化发展的需要，有利于促进区域可持续发展"。

截至2017年3月底，全球共有16个国家的37项传统农业系统被列入GIAHS名录，其中11项在中国。

全球重要农业文化遗产（37项）

序号	区域	国家	系统名称	FAO批准年份
1	亚洲	中国	中国浙江青田稻鱼共生系统 Qingtian Rice-Fish Culture System, China	2005
2			中国云南红河哈尼稻作梯田系统 Honghe Hani Rice Terraces System, China	2010
3			中国江西万年稻作文化系统 Wannian Traditional Rice Culture System, China	2010

序号	区域	国家	系统名称	FAO批准年份
4	亚洲	中国	中国贵州从江侗乡稻-鱼-鸭系统 Congjiang Dong's Rice-Fish-Duck System, China	2011
5			中国云南普洱古茶园与茶文化系统 Pu'er Traditional Tea Agrosystem, China	2012
6			中国内蒙古敖汉旱作农业系统 Aohan Dryland Farming System, China	2012
7			中国河北宣化城市传统葡萄园 Urban Agricultural Heritage of Xuanhua Grape Gardens, China	2013
8			中国浙江绍兴会稽山古香榧群 Shaoxing Kuaijishan Ancient Chinese *Torreya*, China	2013
9			中国陕西佳县古枣园 Jiaxian Traditional Chinese Date Gardens, China	2014
10			中国福建福州茉莉花与茶文化系统 Fuzhou Jasmine and Tea Culture System, China	2014
11			中国江苏兴化垛田传统农业系统 Xinghua Duotian Agrosystem, China	2014
12		菲律宾	菲律宾伊富高稻作梯田系统 Ifugao Rice Terraces, Philippines	2005
13		印度	印度藏红花农业系统 Saffron Heritage of Kashmir, India	2011
14			印度科拉普特传统农业系统 Traditional Agriculture Systems, India	2012
15			印度喀拉拉邦库塔纳德海平面下农耕文化系统 Kuttanad Below Sea Level Farming System, India	2013

续表

序号	区域	国家	系统名称	FAO批准年份
16	亚洲	日本	日本能登半岛山地与沿海乡村景观 Noto's Satoyama and Satoumi, Japan	2011
17			日本佐渡岛稻田-朱鹮共生系统 Sado's Satoyama in Harmony with Japanese Crested Ibis, Japan	2011
18			日本静冈传统茶-草复合系统 Traditional Tea–Grass Integrated System in Shizuoka, Japan	2013
19			日本大分国东半岛林-农-渔复合系统 Kunisaki Peninsula Usa Integrated Forestry, Agriculture and Fisheries System, Japan	2013
20			日本熊本阿苏可持续草地农业系统 Managing Aso Grasslands for Sustainable Agriculture, Japan	2013
21			日本岐阜长良川流域渔业系统 The Ayu of Nagara River System, Japan	2015
22			日本宫崎山地农林复合系统 Takachihogo–Shiibayama Mountainous Agriculture and Forestry System, Japan	2015
23			日本和歌山青梅种植系统 Minabe–Tanabe Ume System, Japan	2015
24		韩国	韩国济州岛石墙农业系统 Jeju Batdam Agricultural System, Korea	2014
25			韩国青山岛板石梯田农作系统 Traditional Gudeuljang Irrigated Rice Terraces in Cheongsando, Korea	2014
26		伊朗	伊朗喀山坎儿井灌溉系统 Qanat Irrigated Agricultural Heritage Systems of Kashan, Iran	2014

序号	区域	国家	系统名称	FAO批准年份
27	亚洲	阿联酋	阿联酋艾尔与里瓦绿洲传统椰枣种植系统 Al Ain and Liwa Historical Date Palm Oases, the United Arab Emirates	2015
28		孟加拉	孟加拉国浮田农作系统 Floating Garden Agricultural System, Bangladesh	2015
29	非洲	阿尔及利亚	阿尔及利亚埃尔韦德绿洲农业系统 Ghout System, Algeria	2005
30		突尼斯	突尼斯加法萨绿洲农业系统 Gafsa Oases, Tunisia	2005
31		肯尼亚	肯尼亚马赛草原游牧系统 Oldonyonokie/Olkeri Maasai Pastoralist Heritage Site, Kenya	2008
32		坦桑尼亚	坦桑尼亚马赛游牧系统 Engaresero Maasai Pastoralist Heritage Area, Tanzania	2008
33			坦桑尼亚基哈巴农林复合系统 Shimbwe Juu Kihamba Agro-forestry Heritage Site, Tanzania	2008
34		摩洛哥	摩洛哥阿特拉斯山脉绿洲农业系统 Oases System in Atlas Mountains, Morocco	2011
35		埃及	埃及锡瓦绿洲椰枣生产系统 Dates Production System in Siwa Oasis, Egypt	2016
36	南美洲	秘鲁	秘鲁安第斯高原农业系统 Andean Agriculture, Peru	2005
37		智利	智利智鲁岛屿农业系统 Chiloé Agriculture, Chile	2005

2. 中国重要农业文化遗产

　　我国有着悠久灿烂的农耕文化历史，加上不同地区自然与人文的巨大差异，创造了种类繁多、特色明显、经济与生态价值高度统一的重要农业文化遗产。这些都是我国劳动人民凭借独特而多样的自然条件和他们的勤劳与智慧，创造出的农业文化的典范，蕴含着天人合一的哲学思想，具有较高的历史文化价值。农业部于2012年开始中国重要农业文化遗产发掘工作，旨在加强我国重要农业文化遗产的挖掘、保护、传承和利用，从而使中国成为世界上第一个开展国家级农业文化遗产评选与保护的国家。

　　中国重要农业文化遗产是指"人类与其所处环境长期协同发展中，创造并传承至今的独特的农业生产系统，这些系统具有丰富的农业生物多样性、传统知识与技术体系和独特的生态与文化景观等，对我国农业文化传承、农业可持续发展和农业功能拓展具有重要的科学价值和实践意义"。

　　截至2017年3月底，全国共有62个传统农业系统被认定为中国重要农业文化遗产。

中国重要农业文化遗产（62项）

序号	省份	系统名称	农业部批准年份
1	北京	北京平谷四座楼麻核桃生产系统	2015
2		北京京西稻作文化系统	2015
3	天津	天津滨海崔庄古冬枣园	2014
4	河北	河北宣化城市传统葡萄园	2013
5		河北宽城传统板栗栽培系统	2014
6		河北涉县旱作梯田系统	2014
7	内蒙古	内蒙古敖汉旱作农业系统	2013
8		内蒙古阿鲁科尔沁草原游牧系统	2014
9	辽宁	辽宁鞍山南果梨栽培系统	2013
10		辽宁宽甸柱参传统栽培体系	2013
11		辽宁桓仁京租稻栽培系统	2015

序号	省份	系统名称	农业部批准年份
12	吉林	吉林延边苹果梨栽培系统	2015
13	黑龙江	黑龙江抚远赫哲族鱼文化系统	2015
14		黑龙江宁安响水稻作文化系统	2015
15	江苏	江苏兴化垛田传统农业系统	2013
16		江苏泰兴银杏栽培系统	2015
17	浙江	浙江青田稻鱼共生系统	2013
18		浙江绍兴会稽山古香榧群	2013
19		浙江杭州西湖龙井茶文化系统	2014
20		浙江湖州桑基鱼塘系统	2014
21		浙江庆元香菇文化系统	2014
22		浙江仙居杨梅栽培系统	2015
23		浙江云和梯田农业系统	2015
24	安徽	安徽寿县芍陂（安丰塘）及灌区农业系统	2015
25		安徽休宁山泉流水养鱼系统	2015
26	福建	福建福州茉莉花与茶文化系统	2013
27		福建尤溪联合梯田	2013
28		福建安溪铁观音茶文化系统	2014
29	江西	江西万年稻作文化系统	2013
30		江西崇义客家梯田系统	2014
31	山东	山东夏津黄河故道古桑树群	2014
32		山东枣庄古枣林	2015
33		山东乐陵枣林复合系统	2015
34	河南	河南灵宝川塬古枣林	2015
35	湖北	湖北赤壁羊楼洞砖茶文化系统	2014
36		湖北恩施玉露茶文化系统	2015

续表

序号	省份	系统名称	农业部批准年份
37	湖南	湖南新化紫鹊界梯田	2013
38		湖南新晃侗藏红米种植系统	2014
39	广东	广东潮安凤凰单丛茶文化系统	2014
40	广西	广西龙胜龙脊梯田系统	2014
41		广西隆安壮族"那文化"稻作文化系统	2015
42	四川	四川江油辛夷花传统栽培体系	2014
43		四川苍溪雪梨栽培系统	2015
44		四川美姑苦荞栽培系统	2015
45	贵州	贵州从江侗乡稻-鱼-鸭系统	2013
46		贵州花溪古茶树与茶文化系统	2015
47	云南	云南红河哈尼稻作梯田系统	2013
48		云南普洱古茶园与茶文化系统	2013
49		云南漾濞核桃-作物复合系统	2013
50		云南广南八宝稻作生态系统	2014
51		云南剑川稻麦复种系统	2014
52		云南双江勐库古茶园与茶文化系统	2015
53	陕西	陕西佳县古枣园	2013
54	甘肃	甘肃皋兰什川古梨园	2013
55		甘肃迭部扎尕那农林牧复合系统	2013
56		甘肃岷县当归种植系统	2014
57		甘肃永登苦水玫瑰农作系统	2015
58	宁夏	宁夏灵武长枣种植系统	2014
59		宁夏中宁枸杞种植系统	2015
60	新疆	新疆吐鲁番坎儿井农业系统	2013
61		新疆哈密哈密瓜栽培与贡瓜文化系统	2014
62		新疆奇台旱作农业系统	2015